# 启动
## 内在智慧的钥匙
### 《六祖坛经》解读

济群 著

中国出版集团

中 译 出 版 社

图书在版编目（CIP）数据

启动内在智慧的钥匙 / 济群著. -- 北京：中译出
版社，2024.1（2024.4重印）
ISBN 978-7-5001-7639-8

Ⅰ.①启… Ⅱ.①济… Ⅲ.①人生哲学－通俗读物
Ⅳ.① B821-49

中国版本图书馆 CIP 数据核字 (2023) 第 223705 号

**启动内在智慧的钥匙**

QIDONG NEIZAI ZHIHUI DE YAOSHI

--------------------------------------------------------------------------------

出版发行 / 中译出版社
地　　址 / 北京市西城区新街口外大街28号普天德胜大厦主楼4层
电　　话 /（010）68005858，68358224（编辑部）
传　　真 /（010）68357870
邮　　编 / 100088
电子邮箱 / book@ctph.com.cn
网　　址 / http://www.ctph.com.cn
策划编辑 / 范　伟
责任编辑 / 范　伟
文字编辑 / 吕百灵
营销编辑 / 白雪圆　郝圣超
封面设计 / 潘　峰
排　　版 / 潘　峰
印　　刷 / 三河市国英印务有限公司
经　　销 / 新华书店
规　　格 / 710mm × 1000mm　1/16
印　　张 / 20.25
字　　数 / 220千字
版　　次 / 2024年1月第1版
印　　次 / 2024年4月第3次
ISBN 978-7-5001-7639-8　定价：48.00元

--------------------------------------------------------------------------------

# 目录
CONTENTS

# 序一

　　《六祖坛经》（简称《坛经》）是禅宗最为重要的典籍之一，也是汉传佛教唯一被尊为"经"的祖师著述，诚如作者所言，可谓"汉传佛教本土化的巅峰之作"。

　　济群法师，1984 年毕业于中国佛学院，其后三十年，在各地佛学院教学至今，学修并重，著述等身。现又根据在戒幢佛学研究所讲授《坛经》的内容，历时数年，整理为《启动内在智慧的钥匙》一书，为大众认识禅宗、学习《坛经》提供了重要参考。本书主要特点如下：

　　其一，层次清晰，脉络分明。本书根据宗宝本《坛经》原有品目，各分若干细目，使读者对本品内容一目了然。每品开头有提要性的概说，然后逐句讲说，结尾再作总结性的综述。方便读者提纲挈领，把握要义，更能于字里行间领略《坛经》的全部法味。既突出重点，又不失整体。

　　其二，立足宗门，兼及教下。本书除立足禅宗见地外，亦从唯识、中观等角度进行阐述，为学人一探宗风搭建了阶梯，不至因门庭过于高峻而却步。比如在讲述禅宗建立的基础时，不仅从正面阐明了顿教法门的见地和经典依据，还以"从妄心入手的渐修"为对比，从侧面展示了宗门有别于教下的立足点，从而全面开显禅宗"直指人心、见性成佛"的教化特色，以及它之所以如此快捷的窍诀所在，令读者知其然而知其所以然。此外，还结合哲学、心理学等现代学术进行表述，便于读者从不同角度进行理解。

其三，语言新颖，与时俱进。如使用成功案例、PK、喜闻乐见、闪亮登场、大爆冷门、批量生产、精英教育等词语，极富时代气息；善用譬喻，常以人们熟悉的生活经验阐述法义，如："修行所成就的，是我们内在的觉悟本体，善知识只是开启觉性的助缘，起到类似助产士的作用，前提是这个胎儿已经成熟。""就像开车，如果说善知识的作用相当于方向盘，那么自身努力就相当于发动机。当它不曾启动时，善知识也是无能为力的。""念头越强，就越容易陷入其中，忽略除此以外的一切。如同相机在使用大光圈并对焦于某一点时，周围的其他影像就虚化了。"深入浅出，引人入胜，为读者带来具有亲和力的阅读体验。

其四，思路严谨，见解独到。从自身修证经验出发，对法义名相作出独特的诠释。如："修行，就是要撤除妄心造作的界限，回复心的本来面目。""戒是规范言行，止息不良串习的延续；定是让心安住，不再四处攀缘；慧是开启内在觉性，彻底断除烦恼相续。""修行也可以理解为一个能量回收的过程。通过禅修，将负面能量转化为正念的能量，转化为戒定慧的能量。""见性是做减法而非加法，是把遮蔽觉性的烦恼执著一一去除，从而开显这个本自具足的菩提自性。"自心流露，娓娓道来，使抽象的法义更易于理解。

其五，契合当代，指导现实。如关于《坛经》的版本问题，作者认为："还是要回到法义上来认识。只要没有偏离法义，在表达形式上的发展不存在真伪问题。"给纠结于学术考据和经典真伪的学人以指导性建议，颇具现实意义。在五祖赞叹六祖"求道之人，为法忘躯"时说："现代人学法条件实在太优越了，但这种优越往往使我们缺乏虔诚的求法之心。须知，心和法相应的程度，就取决于我们对法的渴求程度。而凡夫的习惯是，越容易得到的越不在乎。不在乎的结果，就使我们得到的利益随之减少。所以，我们要经常思惟祖师大德舍身忘我的求法精神，激发好乐向道之心。"指出了现代人学法的通病，并开出对治药方。

而本书最重要的思想，是从整个佛法修学体系来认识《坛经》，指出："禅宗修行离不开三个方面，一是见地，二是基础，三是明师，三者缺一不可。"尤其是基础一项，长期为学人所忽略，其结果，正如作者所说的那样："禅宗在经历一花开五叶的兴盛后，至宋就一路式微，甚至带来汉传佛教的整体衰落。为什么？原因之一，就是禅宗这一精英教育过于普及，几乎发展成佛教主流。事实上，具备上乘根机的老师和学人都不可能太多。如果缺乏相应基础，这种修行很容易流于口头禅。有人觉得自己已经找到最直接的法门，经教都看不上了，戒定慧都看不上了，但本身不是那个材料，结果自欺欺人，把一些说法当作自己的境界。这样以讹传讹，一代不如一代，佛教怎么能健康发展？"这一思想为学人正确认识禅宗指明了方向。也就是说，我们既要认识到它的见地之高，也要衡量自身的条件。在因缘尚未具足时，切忌好高骛远，而要踏踏实实地奠定基础，次第而行。倘能如此，我们就能得其利而避其害。

总之，"《坛经》是我们认识心地的一把钥匙。钥匙是用来打开宝藏的，但宝藏并不在钥匙中。"普愿阅读此书者，能以此为钥匙，开启《坛经》宝藏，得尽曹溪之旨，顿彻佛法心源。

是为序。

传印

中国佛教协会原会长

# 序二

　　济群法师的《启动内在智慧的钥匙》即将出版，他要我写几句话作为序，并把整理好的电子文本发了过来，我粗粗看了一遍，便答应了下来。

　　《坛经》是中国佛教最重要的著作之一，也是中国僧人著作中唯一冠以"经"称号的佛典。它既是一部最具中国佛教特色的经典，同时又是一部最能体现大乘佛教根本精神、教义、理论和修证的经典。

　　在佛教经典中，《坛经》不能说是一部艰涩难读的经，但《坛经》却又是说给具有"上根机"的人听的，所以要真正领悟和把握它的精神，也不是一件容易的事，需要有相当佛教理论、实践修养的人来指引，才可少走弯路。济群法师既有坚实的佛教理论基础，又有实际的修证功夫，更有长期的讲经说法的经验，他讲解的《坛经》既深刻又通俗，既能获得对佛教教义、理论的正知正见，又能指导佛教信众的正信正修。

　　我说它深刻，是因为在本书的总论中，济群法师通过"禅宗建立的基础"一节，明确地指出了"佛法修行的重点不在别处，而是在我们的心"。接着，又简明地讲述了佛教对心的分析由"妄心"和"真心"入手，由于人的根器的利钝，又为对机说法，佛经就有了不同的重点来指导不同根器的众生。然后通过"从妄心入手的渐修""由真心建立的顿悟"两节的细致分析讲述，解除了学佛者心中许多的疑惑和误解，尤其是消除了一般人把"渐修""顿悟"割裂、对立起来的认识。

我说它通俗，是因为在本书中，济群法师对经中的每一句话都做了明白易懂的解说，对每一个难懂的词语和典故都做了说明，一般的读者都能看懂。

济群法师是我多年的朋友，他长年在佛教信众中讲经说法，有着很大的影响。他对佛法的正知正见，引导着广大佛教信众的正信正修，真是功德无量，希望他这部新著的出版，使人们对中国佛教有一个新的、正确的认识。

楼宇烈

北京大学哲学系教授

# 导论

启动
内在智慧的
钥匙

# 一、禅宗建立的基础

《六祖坛经》是禅宗最为重要的经典之一，也是汉传佛教中唯一被尊为"经"的祖师著述。全称《六祖大师法宝坛经》（以下简称《坛经》），是禅宗六祖惠能大师于韶州大梵寺等地所说之法，由门人记录、汇总并流传于世。

禅宗是汉传佛教的八大宗派之一，曾盛极一时并流传至今。太虚大师说过：中国佛教的特质在禅。可见其特殊地位。由此延伸的禅意、禅心、禅茶一味等词，也广为教内外人士所熟知。或许人们未必能说出这些词的真正内涵，但都知道它代表了一种意境、一种精神高度。

从修行意义上说，《坛经》开显的方法，能使我们以最快的速度开启内在智慧，亲见本来面目。换言之，这是一条修行捷径，故称顿教，是"直指人心，见性成佛"的法门。

那么，顿教何以能化繁为简？又该如何认识顿教法门的特殊性？比如开悟、成佛，究竟向何处开启，又靠什么成就？这就需要知道，佛法修行的重点不在别处，而是在我们的心。开悟固然不离自心，成佛也要靠心体证。因为成佛不是成就外在的什么，不是职称，不是地位，不是功夫，而是对诸法实相的究竟通达，对一切众生的平等慈悲。所以，禅宗自古以来就被称为心地法门，是从内心入手，完成生命的觉醒和解脱。

学佛，首先要认清这样一个重心，明确这样一个目的。从本质来说，佛法是简单而非复杂的，是直接而非迂回的。只是由于众生的根机千差万别，佛陀才会应病与药，开示种种法门，演说诸般经教。但他所做的这一切，不是为了建立一套庞大的哲学体系，而是从不同的契入点，引导我们将目光转向内心，转向这个和我们生死相随但又始终面目模糊的心，进而看见心的本来。

佛法认为，心分为两个层面，一是妄心，一是真心。所谓妄心，即充满颠倒妄想的心，是迷失本心后由无明演变的种种妄识。所谓真心，即心的真相、心的本质。

在佛教典籍中，阿含、唯识等经论侧重从妄心阐述，以此构建修行法门。其中，阿含经典主要讲到前六识，即眼识、耳识、鼻识、舌识、身识、意识，属于我们能意识到的部分。而唯识学进一步讲到第七末那识和第八阿赖耶识，这是属于潜意识的部分。

我们之所以成为凡夫，正是因为这种潜在自我意识的作用。末那识的特点是执阿赖耶识的见分为我，由此形成对自我的错误认定。我们现在的人格就是建立在这种误解之上，进而发展出贪嗔痴等种种烦恼。一旦改变染污的末那识，即可转染成净、转识成智。

唯识还告诉我们，在妄识系统中，除心王外，还有各种心理活动，即心所。每个心所的形成，都有各自的特征、规律和条件。唯有了解凡夫心的运作规律，才能从根本上动摇它、解决它。心理学处理问题的方式，也是从妄心入手。可以说，这是一条常规路线，是立足于现有心行采取的对治手段。

此外，佛教还有一部分经典立足于真心的修行。所谓真心，又称佛性、如来藏等，是每个众生本自具足的觉悟本性，禅宗称之为"本来面目"。这正是佛陀在菩提树下悟到的——一切众生皆有如来智慧德相，只因无明妄想不能证得。《涅槃经》《如来藏经》《胜鬘经》等经典，就是围绕这一思想展开的。

不论立足于妄心还是真心，目的都是帮助我们看清自己的心——了解妄心的目的，是为了解除妄心；了解真心的目的，是为了体认真心。

## 1. 从妄心入手的渐修

两种不同的立足点，造就了顿渐两大修行体系。所谓渐，是从妄心入手，认清由此展现的虚妄世界。凡夫为无明所迷、不见真相，所以会以苦为乐、认假为真，把无常当作恒常，把现象当作本质。这就需要重新认识世界。所以，渐教的修行会侧重说无常无我，帮助我们认清这个迷惑系统的本质是苦、无常、无我的。

在凡夫的观念中，很容易对妄心及妄心构建的世界抱有太多期待。虽然我们看得见生老病死，世事变幻，看得见四季更替，斗转星移，但真的能接受无常吗？事实上，一旦涉及"我"的时候，我们会本能地拒绝无常。

这个"我"是什么？在缘起的现象中，什么是不依赖条件而独立存在的？身体中找得到吗？念头中找得到吗？家庭、事业、财富中找得到吗？在妄心的世界中，每个心念都是不能自主的。所以佛法告诉我们：你现在认为的"我"，其实不是"我"。如果把它当作是"我"，就是禅宗所说的"认贼为子"，就要上当受骗、为其所害了。所以，"无我"不是说没有现前这些身心现象，而是对这个迷惑系统的否定，从而扫除障碍，认清心的本来面目。这个本来不在别处，就在迷惑系统的背后，那才是真正的你。事实上，它一直都在，不染不净，不增不减，不生不灭。

在渐教系统中，基本是采用一种否定的方式。讲苦，是否定对快乐的执著，因为这些快乐的本质是痛苦的；讲无常，是否定对恒常的执著，因为世间没有什么是固定不变的；讲无我，是否定对自我的执著，因为这个"我"只是对身心现象的一个错误设定。如此，在逐步解除妄心的过程中，使智慧得以开显。

《三主要道颂》讲到，生命"常被四瀑流所冲"。四瀑流，即无明、见、欲、有。瀑流的特点，一是力量强大，势不可当；二是连续不断，不曾少息，使人身不由己。如何才能有效对治？就要依戒定慧三学。其中：戒是规范言行，止息不良串习的延续；定是让心安住，不再四处攀缘；慧是开启内在觉性，彻底断除烦恼相续。所谓由戒生定，由定发慧，这也是佛法修行的常规道路。

## 2. 由真心建立的顿悟

顿教的修行则是从真心入手，直指人心，见性成佛。为什么能做到这一点？因为在迷惑系统之外，每个众生都具有觉悟的潜质，具有成佛的力量。修行所要做的，不是成就什么，而是直接体认这个觉悟本体。

这一见地为大众修行提供了信心。我们都知道，学佛是为了成佛，但怎么才能成佛？很多时候，我们觉得这个目标遥远得仿佛是个神话，又渺茫得让人失去信心。每天在苦苦修行，不知怎样才能把这个"佛"给修出来，结果越修越没信心。但禅宗告诉我们，这个目标不在别处，就在我们心中。我们要做的，不是踏破铁鞋，而是回到当下，反观自照。这是多么令人振奋的消息！

同时，这一见地也缩短了凡圣的距离。学佛的人，常常觉得自己是愚下凡夫，业障深重。在这种罪恶感中，成佛简直是无法想象的。有些宗派刻意渲染凡夫的业障，使人妄自菲薄，觉得自己根本没能力成佛，只有等待佛菩萨接引。即使准备依靠自力者，想到三大阿僧祇劫的遥遥无期，也会心生怯弱，失去修行动力。而《坛经》告诉我们："前念迷即是众生，后念悟即是佛""前念著境即烦恼，后念离境即菩提"，何其痛快！佛和众生之间，并不存在无法跨越的鸿沟，差别只是在迷悟之间，在明与无明之间。

所谓迷，即迷失觉悟本体。如果不能体认觉性，就是凡夫众生。而在体认的当下，从某种程度上说，就与佛无二无别了。为什么著境？因为我们处在无明、迷惑的系统，而这个系统是有粘性的，必然会对境界产生粘著。因为粘著，就会彼此纠缠，彼此阻碍，烦恼由此而生。而觉悟本体具有无住的功能，在无所得中，超然物外。

所以，禅宗修行是直接建立在觉悟本体之上的。比如禅宗所说的三宝，并非通常认为的佛像、经典和僧伽，而是我们自身本具的觉、正、净，是为自性三宝。我们具有觉悟本体，就是佛；具有念念无邪见的能力，就是法；具有清净无染的特点，就是僧。

而禅宗所说的戒定慧，也有别于教下的持戒、修定、发慧，所谓"心地无非自性戒，心地无痴自性慧，心地无乱自性定"。当心安住于觉悟本体，便不会胡作非为，当下具足戒；也不会随境而转，当下具足定；更不被无明所覆，当下具足慧。

可见，顿教是立足于真心，所有见地和修法都是建立在这一基础上。教下往往采取否定的态度，以此解除无明，解除迷惑。而顿教则采取肯定的手法，直接帮助我们体认佛性，体认觉悟本体。从汉传佛教的传统来看，与顿教一脉渊源极深。其重要依据典籍，如《涅槃经》《楞伽经》《金刚经》等，千百年来广为流传，影响至今不衰。

《涅槃经》中提出了"一切众生皆有佛性"的思想。关于此，还有一段为人乐道的典故。《涅槃经》的翻译，除已经佚失的《梵般泥洹经》（后汉支娄迦谶译）、《大般涅槃经》（曹魏安法贤译）、《大般泥洹经》（吴支谦译），现存最早的是法显所译的六卷本《大般泥洹经》，其中有"一切众生皆有佛性在于身中，无量烦恼悉除灭已，佛便明显，除一阐提"之说。当时有位义学高僧道生大师，乃罗什门下四圣之一，他仔细分析经文后，认为此经翻译尚不完整，主张一阐提人皆可成佛。这个观点在当时引起轩然大波，被群起而攻之，认为他离经叛道。道生大师在长安无法立足，来到苏州虎丘。据传，他曾聚石为徒，论及阐提亦有佛性时，群石频频点头。这就有了"生公说法，顽石点头"的美谈。

此后不久，大本《涅槃经》传入，印证了生公的观点，大众无不服膺。生公即于庐山开讲"涅槃"，穷理尽妙。直到生公去世，仍有许多弟子绍承师说，专弘涅槃，使涅槃学从此盛行。

梁武帝时，达摩祖师东来，开宗传禅，以四卷《楞伽》印心，并以此经授慧可："我观汉地，唯有此经，仁者依行，自得度世。"此外，还有《圆觉经》《楞严经》等如来藏系经典的弘扬，为禅宗在中国的发展奠定了良好基础。

# 二、禅宗的起源及发展

关于禅宗的起源，也有一个广为人知的典故，那就是"拈花微笑"。

《大梵天王问佛决疑经》记载，娑婆世界主大梵王方广以三千大千世界成就之根、妙法莲金光明大婆罗华供佛，佛陀"受此莲华，无说无言，但拈莲华入大会中，八万四千人天，时大众皆止默然。于时，长老摩诃迦叶见佛拈华示众佛事，即今廓然，破颜微笑。佛即告言：是也，我有正法眼藏，涅槃妙心，实相无相微妙法门，不立文字，教外别传，总持任持，凡夫成佛第一义谛，今方付嘱摩诃迦叶"。

在这段充满诗意的记载中，标明了禅宗"不立文字，教外别传"的教化风格，和"直指人心，见性成佛"的修行方式。这是在经教之外开辟的一条修学捷径，不同于教下"从闻思修入三摩地"的常规次第。在禅宗教育中，著名的"德山棒、临济喝、云门饼、赵州茶"，看似匪夷所思，背后却大有深意。其目的，就是帮助学人直接体认觉性，体认心的本来面目。

前面说过，禅宗修行是立足于真心，但我们现有的生命则处于迷惑系统。所以，我们的世界是二元对立的，有能有所。用哲学的话说，就是有主观和客观。我们为什么会陷入能所对立的状态？就是因为对能所的执著和认定。我们执著于这个能为我，执著于这个所为法。在能上生起我执，在所上生起法执。

我们会有很多念头，生起一个念头，就是能。而每个念头都伴随着相关影像，就是所。比如贪著，贪的本身是能，贪的不同对象为所，如事业、地位、感情等。再如我慢，我慢本身是能，而你的能力、身份是让你生起我慢的所。我们的整个世界，都被这些念头和影像所主宰。想想看，在我们心头徘徊不去的，哪一样不是念头、不是影像呢？

为什么这些念头和影像会对我们产生作用，会左右我们？虽然和念头本身有关，但关键在于，我们把这些念头当作是"我"。这个设定就像陷阱，让心落入其中，不能自拔。一旦撤除这些设定，念头就只是念头，影像也只是影像。

禅修培养的观照力，就是帮助我们看清这些念头和影像，进而获得不被念头和影像左右的能力。在此之前，凡夫始终执著于念头，执著于与之相关的影像。当心陷入能所时，觉性就会被遮蔽。所以祖师用机锋棒喝的凌厉手法，在出其不意的当下，直接将学人的能所打掉，使觉性豁然显现。但对于能所固若金汤的人，祖师也是奈何不了的，这正是禅宗只接引上根利智的原因。所谓上根利智，即学人本身的执著很薄，能所形成的串习很弱，再辅以特殊情境和特定手法，就可能在一个临界点上直接开悟，彻见本性。

当然，这个"向上一着"不是人人可以遇见的。作为学人，必须根性极利；作为老师，必须有高明的引导手段，准确把握火候，给予关键一击。具备这两个条件，才能"直指人心，见性成佛"。否则，是指不到也见不着的。

禅宗从达摩到六祖，接引的手法都很直接。二祖慧可拜见初祖达摩时，言："我心未安，乞师与安。"祖师说："将心来，与汝安。"直接让你回观反照：这个不安的心是什么，在哪里？凡夫心是躁动的，每个念头都在寻找它所需要的食物，要权力，要地位，要感情。这不仅是二祖的问题，也是所有人的问题。祖师采用的解决方法是借力打力——把心拿来。这个东西找得到吗？

修行所做的，三藏十二部典籍所说的，都是在帮助我们寻找自己的心，认识自己的心。不同只是在于，禅宗是以最直接的手段，让我们在一念反观之际，发现心其实是无形无相、了不可得的，从而看到心的本质。初祖对二祖的教育，就这么简单。但这个简单又是不简单的，否则就不可能只在这电光石火的一瞬心心相印。

二祖对三祖也是同样。当时三祖还是一个居士，重病缠身，感到自己业障深重，去找二祖忏悔。二祖言："将罪来，与汝忏。"手法和达摩如出一辙。我们经常被情绪、烦恼、妄想所折磨，可妄想是什么？却很少有人关注过。三祖沉吟良久，同样发现：觅罪了不可得。因为罪的基础就是心，而心的本质是空，所以罪也是因缘假相，其本质并没有离开空性。不仅如此，它的原始能量正是来自觉悟本体。

事实上，所有烦恼的原始能量都是空性，都是觉悟本体。在一路追寻的过程中，这种觉悟本体一旦产生作用，罪的影像就找不到了，所以说觅罪了不可得。二祖说："我已经给你忏罪了。你现在是一个居士，以后应该出家，依三宝而住。"三祖就问："我现在看到和尚，已经知道僧是怎么回事，那佛是什么？法是什么？"二祖道："是心是佛，是心是法，法佛无二，僧宝亦然。"你现在体认到的无所得的心，当下就是佛，当下就是法，当下就是僧。后来，三祖有《信心铭》传世，也是学习禅宗的重要内容。

禅宗的发扬光大，是到六祖惠能之后开始的。六祖有十大弟子，其中，南岳怀让一系后来分化出沩仰宗、临济宗，青原行思一系分化出曹洞宗、云门宗、法眼宗，宋代临济一系分化出杨岐宗和黄龙宗，称为"五家七宗"。其中的每一派，都代表接引门人的不同宗风。《景德传灯录》中，有一千多个公案记载着祖师们开悟、得道的因缘，可谓精彩纷呈。

比如曹洞提倡的是默照，是"摄心静坐，潜神内观以悟道"的观行方法；而临济参究的是话头，循着话头一路追索下去，直接体认念头没有生起时的状态。后来，这些方法因为没有善知识指导，就渐渐没落，徒有其表了。默照呢，在那里照得浑浑沌沌，一片漆黑。参话头呢，干脆就变成念话头，念来念去，就是念不出个究竟。怎么办？

一方面，要创造得遇善知识的因缘；一方面，要奠定修学基础。禅宗要求学人有上根利智，否则就够不着。现在不少人，看了些公案，也学着说"禅话"，其实都是在打妄想，是在迷惑系统说些"开悟"的话。这样的说，除了能使凡夫心得到满足，对修行没有丝毫作用。

因为你的心行不到，就像祖师说的，是"蚊子叮铁牛"，叮得进去吗？

禅宗之所以能在唐朝盛极一时，固然是因为当时有很多明眼宗师，同时也因为学人有良好的教理基础和心行状态，所以才会碰撞出如此痛快淋漓的"向上一着"。当我们距见道不是一步之遥，而是百步、千步乃至万步时，如果不老老实实地次第前行，是永远也够不着的。大家虽然也在讲公案，讲话头，讲禅修，但没有足够的见地和根机，也没有明眼师长的指导，整个修行自然流于空洞，最后只剩下一些说法而已。

所以说，禅宗修行离不开三个方面，一是见地，二是基础，三是明师，三者缺一不可。我们想要修习禅宗，同样要从这三点入手。

# 三、如何看待《坛经》的版本

在《坛经》流传过程中，因为辗转抄录，数人编订，多次刻印，出现了不少版本，主要可分为四种，简要介绍如下。

其一是由门人法海记录传世，称法海本，已失传。近代于敦煌写本中发现五种《坛经》的写本或残片，应源自法海本。其中，伦敦博物馆所藏写本题作"南宗顿教最上大乘摩诃般若波罗蜜经六祖惠能大师于韶州大梵寺施法坛经，兼受无相戒弘法弟子法海集记"，又称敦煌本。

其二是北宋乾德五年（967年）僧人惠昕的改编本，二卷，题作《六祖坛经》。南宋绍兴二十三年（1153年）于蕲州刻印，后流传日本，由兴圣寺再刻印行，亦称兴圣寺本。此外还有内容基本一致的不同刻本。

其三是由北宋僧人契嵩编订，称契嵩本。后由元代僧人德异于至元二十七年（1290年）刊印，亦称德异本。

其四是元代僧人宗宝编订，内容与德异本相仿，是至今最为流行的本子。不论是单刻本，还是明以后的藏经，多采用此本。

因为这样一段"发展"过程，所以一直都有关于《坛经》的真伪之辩，尤其是近代学术考辩之风兴起以来，各种声音更是甚嚣尘上。关于这个问题，我觉得还是要回到法义上来认识。只要没有偏离法义，在表达形式上的发展不存在真伪问题。宗宝在《六祖坛经跋》中说道："续见三本不同，互有得失，其板亦已漫漶，因取其本校雠，讹者正之，略者详之，复增入弟子请益机缘，庶几学者得尽曹溪之旨。"对编订《坛经》的初衷和做法都做了交代，并未标榜此为一字不易的原本。此本之所以能广泛流传，备受推崇，除了行文流畅，更胜在"得坛经之大全"。那么，作为后学的我们，如何才能肯定这一点？肯定它没有偏离六祖的原意？如果从学术考据的方法来谈，是不可能得出结论的，因为根本方向就错了。或者说，是以凡夫心来揣度圣意，何异于盲人摸象？佛法真义是超越思惟，也超越语言的。既然超越思惟，如何能用考据的方式考出来？既然超越语言，所以，《坛经》只是我们认识心地的一把钥匙。钥匙是用来打开宝藏的，但宝藏并不在钥匙中。

从这个意义上说，学习《坛经》，其实是在学习如何使用这把钥匙。但关键是运用钥匙，用它来开启宝藏。所以，我们不仅要从文字上去理解，更要从内心去对照、去体证，去见到那个本来清净的菩提自性。否则，即使把《坛经》倒背如流，也不过像六祖所说，"成个知解宗徒"。结果就是拿着钥匙，看着使用说明，却从来不去试一试，因此永远也不会知晓钥匙究竟能打开一个怎样的世界。

我们本次学习的是宗宝本，共十品，分别为行由品、般若品、疑问品、定慧品、坐禅品、忏悔品、机缘品、顿渐品、宣诏品、付嘱品。每一品中，我又根据内容增加了若干细目，这样就更清楚其中讲述了哪些问题。

# 【行由品第一】

启动
内在智慧的
钥匙

《行由品》主要是六祖自述身世及黄梅求法、开悟得道的过程。从这段经历中，我们能得到什么样的启发？

　　时，大师至宝林，韶州韦刺史（名璩）与官僚入山请师，出于城中大梵寺讲堂，为众开缘说法。师升座，次刺史官僚三十余人，儒宗学士三十余人，僧尼道俗一千余人，同时作礼，愿闻法要。

　　大师告众曰："善知识！菩提自性，本来清净，但用此心，直了成佛。善知识！且听惠能行由得法事意。"

　　这段文字相当于佛经开头的序分，介绍了说法的时间、地点、听众、主讲人等。

　　"时，大师至宝林。"时，即那个时候，类似佛经所说的一时、尔时。依后人推断，应是唐高宗仪凤二年（677年）。大师，本是佛之尊号，后代学人为尊重本宗祖师，也敬之为大师。当时，六祖大师在宝林寺，即现在的韶关南华寺。明万历《曹溪通志》记载：南朝梁武帝天监元年（502年），印度高僧智药三藏见此地"山水回合，峰峦奇秀，叹如西天宝林山"，建议地方官奏请武帝建寺。落成后，梁武帝赐额"宝林寺"，先后有广果寺、中兴寺、法泉寺、华果寺等名。六祖到宝林寺住锡后，在此说法 37 载，使南宗禅法大播于天下。此寺亦成为禅宗祖庭。

"韶州韦刺史（名璩）与官僚入山请师，出于城中大梵寺讲堂，为众开缘说法。"韶州，辖境相当于今韶关市及曲江、乐昌、仁化、南雄、翁源、英德等地，因州北有韶石得名。刺史，古代官名，原为朝廷所派督察地方之官，后沿为地方官职名称。大梵寺，韶州曲江县河西，又名开元寺、天宁寺、报恩光孝寺等。六祖住锡宝林寺时，声誉已隆，所以，韶州有位姓韦名璩的地方长官就率领一众官员和幕僚到位于山中的宝林寺恭请六祖，迎至城内大梵寺讲堂，为大众广开佛缘，讲说妙法。

"师升座，次刺史官僚三十余人，儒宗学士三十余人，僧尼道俗一千余人，同时作礼，愿闻法要。"升座，上高座说法。六祖登上法座，闻法的听众有刺史及官员、幕僚三十多人，对儒学有高深造诣的学者三十多人，出家、在家的男女众共一千多人。大众同时礼敬，祈请六祖开演顿悟法门的精要。我们可以想象一下，在那个交通和信息均极闭塞的年代，千余人共聚闻法，该是多么盛大庄严的场面。这既说明六祖在当时影响之巨，也说明人们有着普遍的闻法热情。这种热情，正是禅宗能在唐朝盛极一时、高僧辈出的群众基础。有高素质的信众，才会有高素质的僧才，才会从中涌现出类拔萃的佼佼者。

"大师告众曰：善知识！菩提自性，本来清净，但用此心，直了成佛。"善知识，教导众生远离恶法，亦指修行善法者，此处是六祖对大众的称呼，体现对闻法者的平等和尊重。菩提，即觉悟。自性，即本体。六祖告诫大众说：善知识！每个生命都具有觉悟本体，它是本来清净，不增不减的。在现前的凡夫状态，菩提自性并未受到染污，成佛之后也未变得清净。同时，它是具足万法的，一旦开启菩提自性，当下就与诸佛无二无别了。我们知道，禅宗的特点在于"直指人心，见性成佛"，所谓直指，就是让我们直接开启并体认菩提自性。

"善知识！且听惠能行由得法事意。"善知识！先听听我求法、悟道的经历吧。为什么要从自身经历说起？原因在于，这段经历正是禅宗修行的最佳诠释，也是顿悟法门的成功案例。

《坛经》开篇的这句话直示宗要，可谓《坛经》之眼，直接、简明而又痛快，可以作为修习禅宗的口诀。虽然只有短短十六个字，却概括了《坛经》的见地和修行。我们对佛法任何一宗的了解，都要从见地和禅修两方面契入。禅宗也是同样，不仅提供了至高的见地，让学人认识内心本具的菩提自性，同时还开显了直截了当的用功方法。

# 一、求道因缘

## 1. 闻《金刚经》，心即开悟

惠能严父，本贯范阳，左降流于岭南，作新州百姓。此身不幸，父又早亡，老母孤遗，移来南海。艰辛贫乏，于市卖柴。

时有一客买柴，使令送至客店。客收去，惠能得钱，却出门外，见一客诵经。惠能一闻经语，心即开悟。

遂问："客诵何经？"客曰："《金刚经》。"

复问："从何所来，持此经典？"客云："我从蕲州黄梅县东禅寺来，其寺是五祖忍大师在彼主化，门人一千有余。我到彼中礼拜，听受此经。大师常劝僧俗，但持《金刚经》，即自见性，直了成佛。"

惠能闻说，宿昔有缘。乃蒙一客取银十两与惠能，令充老母衣粮，教便往黄梅参礼五祖。

这一段，惠能介绍了他的身世和最初接触佛法的因缘。

"惠能严父，本贯范阳，左降流于岭南，作新州百姓。"左降，指降职、贬为闲职，或至边远地区任职，兼有流放性质。范阳，亦名范阳镇、幽州，所辖区域多有变动，约在今北京和河北保定北部。岭南，五岭之南，相当于现在的广东、广西全境，及湖南、江西等省的部分地区。新州，今广东新兴县。惠能的父亲，祖籍是河北范阳。后遭贬官，被流放于岭南，成为新州百姓。

"此身不幸，父又早亡，老母孤遗，移来南海。艰辛贫乏，于市卖柴。"惠能这一生的境遇很是不幸，父亲早亡，老母带着他这个孤儿移居南海，生活艰难，只得到市场卖柴为生，聊以度日。

"时有一客买柴，使令送至客店。客收去，惠能得钱，却出门外，见一客诵经。"某日，有位客人买柴，令惠能送到客店。客人收下柴薪后，惠能得钱，正要退出门外时，看到一位客人在诵经。

"惠能一闻经语，心即开悟。"惠能一听这些经文，就开悟了。

为什么他会有这些反应？正是根机使然。其实，不仅学佛需要根机，乃至学习各种专业，都存在这个问题，也就是通常所说的天赋、慧根。

惠能一闻经语就能开悟，说明他慧根深厚，且遮蔽心性的障碍很薄，是以一触即发，灵光乍现。如果尘垢太厚，不必说一闻经语，恐怕用石头去砸都无济于事。但慧根并不是天生的，也是往昔修行的积累。因为有积累，所以今生的起点就高于常人。如果我们根机比较钝，现在努力修行，即便一时看不到多少效果，将来必定会有所改观。

"遂问：客诵何经？客曰：《金刚经》。"惠能于是问道：这位客官诵的是什么经文？客人回答说：是《金刚经》。

"复问：从何所来，持此经典？"接着又问：您从哪里来，怎么得到这个经典？

"客云：我从蕲州黄梅县东禅寺来，其寺是五祖忍大师在彼主化，门人一千有余。我到彼中礼拜，听受此经。"蕲州，今湖北蕲春南部。客人说：我从蕲州黄梅县东禅寺来，东禅寺现由禅宗五祖弘忍大师在那里住持，在他门下学禅者达一千多人。我到那里礼佛参拜的时候，听闻并受持了这部经。

"大师常劝僧俗，但持《金刚经》，即自见性，直了成佛。"五祖大师常常劝诫僧俗弟子，只要受持《金刚经》，就能明心见性，直接成就佛果。禅宗传入中国之初，是以《楞伽经》印心。自四祖起，提倡依《金刚经》修行，继而由五祖力弘此经。《金刚经》属于般若系经典，但禅宗在受持《金刚经》时，所依见地不同于中观学者。中观学者是立足于"空"来解说般若，通过对无自性的认识，证得空性，开启智慧。但禅宗不仅重视"空"的一面，还重视"有"的一面，是直接从心行上体认般若。《金刚经》全称为《金刚般若波罗蜜经》，其核心就是开启般若智慧。禅宗祖师受持《金刚经》时，重点也在于此，所以《坛经》第二品即为《般若品》。

"惠能闻说，宿昔有缘，乃蒙一客取银十两与惠能，令充老母衣粮，教便往黄梅参礼五祖。"惠能听说后，心向往之，希望前去闻法修学。也是他往昔善缘所感，这个愿望得到一位客人的资助，赠与惠能十两银子，让他作为安顿老母衣食的费用。这样，他就能没有后顾之忧地前往黄梅，参见五祖。

## 2. 初见五祖

惠能安置母毕，即便辞违。不经三十余日，便至黄梅，礼拜五祖。

祖问曰："汝何方人，欲求何物？"

惠能对曰："弟子是岭南新州百姓。远来礼师，唯求作佛，不求余物。"

祖言："汝是岭南人，又是獦獠，若为堪作佛？"

惠能曰："人虽有南北，佛性本无南北。獦獠身与和尚不同，佛性有何差别？"

五祖更欲与语，且见徒众总在左右，乃令随众作务。

惠能曰："惠能启和尚，弟子自心常生智慧，不离自性，即是福田。未审和尚教作何务？"

祖云："这獦獠根性大利，汝更勿言，着槽厂去。"

这一段是惠能初见五祖的情形，真是丈夫气魄，不同寻常。"惠能安置母毕，即便辞违。不经三十余日，便至黄梅，礼拜五祖。"惠能将老母安置妥当后，就向亲友辞别。因为求法心切，昼夜兼程，走了不过三十多天，就来到黄梅东禅寺，礼拜五祖。

"祖问曰：汝何方人，欲求何物？"五祖问他说：你从哪里来，想求什么？

"惠能对曰：弟子是岭南新州百姓。远来礼师，唯求作佛，不求余物。"惠能回答说：弟子是岭南新州地区的百姓，千里迢迢赶来礼拜祖师，唯一的希望就是能成佛，其他一切都无所求。这段应答掷地有声，体现了六祖的根机和高远志向。

"祖言：汝是岭南人，又是獦獠，若为堪作佛？"獦獠，古代对南方少数民族的称呼，也泛指南方人。五祖说：你是岭南人，乃蛮夷之邦的未开化者，凭什么能够作佛？

"惠能曰：人虽有南北，佛性本无南北。獦獠身与和尚不同，佛性有何差别？"惠能回答说：人虽然有南北之分，佛性却没有南北之分。我这个蛮夷之人虽然身份与和尚不同，但生命内在的菩提自性又有什么分别呢？

"五祖更欲与语，且见徒众总在左右，乃令随众作务。"五祖闻言，不禁刮目相看，本想再和他对答考察一番，看到身边总有徒众围绕左右，不便多说，就让惠能随众参加劳作。

"惠能曰：惠能启和尚，弟子自心常生智慧，不离自性，即是福田。未审和尚教作何务？"和尚，即亲教师，弟子对师父的尊称。作务，在寺院参加劳动，培植福田。但这只是有形有相的福田，惠能却识得无形无相的福田。所以对五祖的这一安排，惠能回答说：惠能禀告和尚，弟子内心时时生起智慧，不离觉悟本体，就是最大的福田。

不知和尚要我做些什么?

"祖云:这獦獠根性大利,汝更勿言,着槽厂去。"槽厂,本指养马的小屋,此处为做杂役处。五祖说:这个蛮夷之人根性实在太利,你再别说什么了,到槽厂去吧。

五祖教化多年,有心物色接班人,这番对答已使他对六祖另眼相看。但当时道场有一千多人,如果谈得太多,唯恐惠能因锋芒太盛而引人注目,带来不必要的麻烦,反而不利于他在此修行。所以,让他先去槽厂磨炼一番。

# 二、得法经过

得法,就是得到五祖的传承,与祖师心心相印。弟子遇到一位良师固然不易,但良师等待一个法器同样不易。禅宗传入中国后,达摩在少林寺面壁九年才等到二祖,其后的三祖、四祖都是一脉单传。那么,弟子众多的五祖又将如何传下这个法脉呢?

## 1. 征选传人

惠能退至后院,有一行者,差惠能破柴踏碓,经八月余。

祖一日忽见惠能,曰:"吾思汝之见可用,恐有恶人害汝,遂不与汝言,汝知之否?"

惠能曰："弟子亦知师意，不敢行至堂前，令人不觉。"

祖一日唤诸门人总来："吾向汝说，世人生死事大。汝等终日只求福田，不求出离生死苦海。自性若迷，福何可救？汝等各去自看智慧，取自本心般若之性，各作一偈，来呈吾看。若悟大意，付汝衣法，为第六代祖。火急速去，不得迟滞。思量即不中用，见性之人，言下须见。若如此者，轮刀上阵，亦得见之（喻利根者）。"

"惠能退至后院，有一行者，差惠能破柴踏碓，经八月余。"行者，居住佛寺但未剃度的修行人，惠能也是以行者身份在东禅寺修行。踏碓，就是舂米，运用杠杆原理，通过身体起落，让另一端的石头上下捶打，除去稻谷外壳。惠能见过五祖后，就退到后院。那里有位行者，安排惠能做些砍柴、舂米之类的粗活。这样过了八个多月。

"祖一日忽见惠能，曰：吾思汝之见可用，恐有恶人害汝，遂不与汝言，汝知之否？"有一天，五祖忽然去看惠能，对他说：我看你的见地不错，是个很好的法器，担心有人因为嫉妒而加害你，所以才没和你多说。你明白我的用心吗？

"惠能曰：弟子亦知师意，不敢行至堂前，令人不觉。"惠能回答说：弟子也知道师父的心意，所以不敢去问候，以免引起大家注意。

"祖一日唤诸门人总来：吾向汝说，世人生死事大。汝等终日只求福田，不求出离生死苦海。自性若迷，福何可救？"一天，五祖把弟子召集到一起，对大家说：世间的头等大事是了生脱死。你们每天忙来忙去，只知道培植福田，不求出离生死苦海。如果迷失觉性的话，福报又怎么救得了你们？这种情况，在不少学佛者乃至出家人中都很普遍，他们觉得成佛简直不可思议，还是培点福报、种点善根比较可行。五祖批评说，这是没出息的想法。因为世间福报是有漏的，哪怕攒得再多，在轮回中还是不能自主。禅宗的修行，是直接体认生命内在的觉性，这才是在轮回中自主、自救、自我解脱的能力。

"汝等各去自看智慧，取自本心般若之性，各作一偈，来呈吾看。若悟大意，付汝衣法，为第六代祖。"衣，即达摩传下的袈裟，以表师承真实无虚。法，传法以印证宗门心要。五祖接着宣布：你们各自回去看看自己的内心，从对般若自性的通达，各作一偈，拿给我看。如果谁能体悟祖师西来意，我就把衣法传给谁，使他成为禅宗第六代祖师。

"火急速去，不得迟滞。思量即不中用，见性之人，言下须见。若如此者，轮刀上阵，亦得见之。"你们赶紧回去准备，不要拖延时间。但也不要思来想去，因为那是意识层面的分别，是妄想的产物，不是你的自家宝藏。见性的人，见了就是见了，没见就是没见，不是靠绞尽脑汁想出来的，而是内心自然显现的，想都不用想，当下现证。能够做到这样，即便在战场上冲锋陷阵，心一样历历分明地安住于觉性。反之，如果是从迷惑系统中想出来的，不管说得多么漂亮，都不是真货，所谓"从门入者，不是家珍"。

## 2. 神秀作偈

众得处分，退而递相谓曰："我等众人不须澄心用意作偈将呈和尚，有何所益？神秀上座现为教授师，必是他得。我辈谩作偈颂，枉用心力。"余人闻语，总皆息心，咸言："我等已后依止秀师，何烦作偈。"

神秀思惟："诸人不呈偈者，为我与他为教授师。我须作偈，将呈和尚。若不呈偈，和尚如何知我心中见解深浅？我呈偈意，求法即善，觅祖即恶，却同凡心夺其圣位奚别？若不呈偈，终不得法，大难大难。"

五祖堂前有步廊三间，拟请供奉卢珍画《楞伽经》变相及五祖血脉图，流传供养。

神秀作偈成已，数度欲呈，行至堂前，心中恍惚，遍身汗流，拟呈不得。前后经四日，一十三度呈偈不得。

秀乃思惟："不如向廊下书著，从他和尚看见，忽若道好，即出礼拜，云是秀作；若道不堪，枉向山中数年，受人礼拜，更修何道。"是夜三更，不使人知，自执灯，书偈于南廊壁间，呈心所见。

偈曰："身是菩提树，心如明镜台，时时勤拂拭，勿使惹尘埃。"

秀书偈了，便却归房，人总不知。秀复思惟："五祖明日见偈欢喜，即我与法有缘。若言不堪，自是我迷，宿业障重，不合得法，圣意难测。"房中思想，坐卧不安，直至五更。

祖已知神秀入门未得，不见自性。天明，祖唤卢供奉来，向南廊壁间绘画图相，忽见其偈。报言："供奉却不用画，劳尔远来。经云：'凡所有相，皆是虚妄。'但留此偈，与人诵持。依此偈修，免堕恶道。依此偈修，有大利益。"令门人炷香礼敬，尽诵此偈，即得见性。门人诵偈，皆叹善哉。

祖三更唤秀入堂，问曰："偈是汝作否？"

秀言："实是秀作，不敢妄求祖位。望和尚慈悲，看弟子有少智慧否？"

祖曰："汝作此偈，未见本性，只到门外，未入门内。如此见解，觅无上菩提，了不可得。无上菩提，须得言下识自本心，见自本性不生不灭。于一切时中，念念自见。万法无滞，一真一切真，万境自如如。如如之心，即是真实。若如是见，即是无上菩提之自性也。汝且去，一两日思惟，更作一偈，将来吾看。汝偈若入得门，付汝衣法。"

神秀作礼而出。又经数日，作偈不成，心中恍惚，神思不安，犹如梦中，行坐不乐。

这一部分说明神秀作偈的过程。神秀是东禅寺的首座和教授师，所谓教授师，即禅宗丛林辅助方丈教化大众的人，在寺中地位极高，仅次于五祖。五祖公开征选传人，他是众望所归的接法者，一切似乎都已水到渠成。

"众得处分，退而递相谓曰：我等众人不须澄心用意作偈将呈和尚，有何所益？神秀上座现为教授师，必是他得。我辈谩作偈颂，枉用心力。"大众得知五祖的决定，退下后互相议论说：我们这些人无须煞费苦心地作什么偈呈给和尚了，有什么用呢？神秀上座现在是教授师，深得五祖器重，大众景仰，必定是他得法。我们就不要作什么偈颂了，枉费心机而已。在五祖的弟子中，神秀学修俱佳，又在指导大众修行，本该是继承衣钵的不二人选。在大家心目中，也公认他为法定继承人，没有与之争锋的想法。

"余人闻语，总皆息心，咸言：我等已后依止秀师，何烦作偈。"

大众听了这番话之后，觉得有理，都把作偈的念头放下了，表示说：我们以后依止神秀上座修行即可，何必多此一举，费心作偈。

"神秀思惟：诸人不呈偈者，为我与他为教授师，我须作偈，将呈和尚。若不呈偈，和尚如何知我心中见解深浅。"众人如此，神秀也觉得压力颇大，想着：大众都不呈偈给和尚的原因，在于我是他们的教授师，不愿与我相争。这样的情形下，我就必须作偈呈给和尚。如果不呈偈，和尚怎么知道我对佛法理解的深浅程度？再者，五祖已经发话，终不能无人应答。作为上座的神秀，此时的确是责无旁贷，否则对五祖和大众都难以交代。

"我呈偈意，求法即善，觅祖即恶，却同凡心夺其圣位奚别？若不呈偈，终不得法，大难大难。"转念又想：我呈偈的目的，是为了得到和尚的点拨印证，这固然没错。可和尚有话在先，作偈似有争夺祖位之嫌，如此看来就颇为卑下，和以凡夫心争夺祖位有什么差别？但是，如果我自诩清高而不作偈呈给和尚，终究不能得到和尚印证及传法。这件事实在让人左右为难，不知如何进退。这一段犹豫的过程，也可看出神秀确实没有见性。没有见性，是以不敢承担；不敢承担，是以患得患失。这种考虑问题的方式，也是凡夫心在作祟。

"五祖堂前有步廊三间，拟请供奉卢珍画《楞伽经》变相及五祖血脉图，流传供养。"三间，间为旧式房屋的宽度单位，相当于一根檩的长度。供奉，指以某种技艺侍奉帝王的人。变相，以绘画体现经文内容。血脉，祖师所传心要或法脉传人，世世相承，如人体血脉相连。在五祖堂前有三开间长的走廊，本来准备请一位名叫卢珍的供奉来画壁画，内容是佛陀宣说《楞伽经》时的情形，以及禅宗由初祖至五祖的传承图，流传后世，让大众礼拜供养。在古代，壁画是大众喜闻乐见的弘法方式，变相就是其中经常出现的一类题材，敦煌石窟就有百余幅变相图。

"神秀作偈成已，数度欲呈。"神秀作偈表明自己的修学体悟后，几次想要呈给五祖。作为追随五祖学修多年的东禅寺上座，神秀对佛法不是没有自己的领会，只是不知道这种领会是否达到得法资格，既想让五祖考评一番，又担心不能过关。

"行至堂前，心中恍惚，遍身汗流，拟呈不得。前后经四日，一十三度呈偈不得。"神秀来到五祖堂前，总觉得不够踏实，心神不宁，紧张到遍身流汗，终究不敢将偈呈给五祖。就这样，前后经过四天，徘徊十三次，还是没向五祖交上答卷。因为他尚未真正见性，所说只是自己对佛法修行的理解，是以缺乏自信。只要具备一定的佛学基础和文化素养，写偈不是难事，但写得到位不到位，就另当别论了。如果是亲证的，那就本来如此，坦坦荡荡，不必如此优柔寡断。

"秀乃思惟：不如向廊下书著，从他和尚看见，忽若道好，即出礼拜，云是秀作；若道不堪，枉向山中数年，受人礼拜，更修何道。"神秀不敢面见和尚，就想：不如把偈写在廊壁上，和尚看见后，若能表示赞许，就出来顶礼，说明是自己所作。如果和尚并不认可，那我就白白在山中修行多年，接受大众礼拜，今后还能怎么修呢？

"是夜三更，不使人知，自执灯，书偈于南廊壁间，呈心所见。"当夜三更时分，神秀没让任何人知晓，自己掌灯，将偈写在南廊墙壁上，阐明对佛法修行的认识。

　　"偈曰：身是菩提树，心如明镜台，时时勤拂拭，勿使惹尘埃。"菩提树，原名毕钵罗树，因释尊在此树下成道，故名菩提树，早期以此树象征佛陀，后延伸为修道、道场等意。偈颂为：我们的身体就是菩提道场，内心则如明镜一般，必须时时勤加拂拭，不使它们沾染尘埃。这是佛弟子非常熟悉的一首偈颂。每个人内心都有一块明镜，是为大圆镜智，只因无明所染，使之蒙尘已久，不能显现原有的照物功能。这就需要通过修行，逐步擦除镜子上的尘垢。神秀所说的，就是这样一番修行经验。这固然重要，但五祖要的不是修行的过程和方法，而是见地，是对镜子本质的理解，不是怎么擦去尘埃的过程。且这种理解必须是亲证的，所谓"思量即不中用"。但神秀之偈却是反复思量而来，虽然也是修行的常规路线，但不准，不是五祖要的。

　　"秀书偈了，便却归房，人总不知。"神秀将偈颂写在墙上之后，立刻退回房中，没有任何人知道。

　　"秀复思惟：五祖明日见偈欢喜，即我与法有缘。若言不堪，自是我迷，宿业障重，不合得法，圣意难测。"神秀又想：如果五祖明天看到这首偈颂表示欢喜，就是我与禅宗法门有缘。如果不被认可，自然是我自己愚痴，业障深重，没有资格得到五祖的法脉。总之，五祖究竟会是什么样的看法，实在难以预料。

　　"房中思想，坐卧不安，直至五更。"神秀在屋中思前想后，坐卧不安，直到五更。从作偈的心理过程来看，见性和未见性的表现是截然不同的。如果尚未见性，就没有十分把握，需要得到认可，自然会患得患失，在意别人看法。而一个真正见性的人，说的就是本地风光，和盘托出即可，哪有什么值得顾虑的呢？

"祖已知神秀入门未得，不见自性。"五祖已经知道神秀尚未契入，也没有彻见心性的本来面目。这里所说的入门未得，是没有契入最高的心地法门，不是通常所说的初机入门。

"天明，祖唤卢供奉来，向南廊壁间绘画图相，忽见其偈。报言：供奉却不用画，劳尔远来。"天亮之后，五祖让画师卢供奉前来，准备在南廊墙上作画，忽然见到这首偈颂，就对卢供奉说：供奉不用画了，有劳你远道而来。

"经云：'凡所有相，皆是虚妄。'但留此偈，与人诵持。依此偈修，免堕恶道。依此偈修，有大利益。"《金刚经》说：所有显现的相，都是虚妄不实的。所以不必画了，就留着这首偈，让大家读诵受持。按照此偈所说的方法修行，可以避免堕落恶道，还能获得极大利益。其实对多数人来说，神秀的修行方法会更适用。也就是说，将身心作为菩提道场，通过戒定慧逐步消除尘垢，使自性光明显现出来。这是一套常规的、更容易理解和操作的修法。惠能的见地虽然彻底，但若非上根利智的话，根本就无从入手。所以，五祖对神秀的偈给予高度评价。

"令门人炷香礼敬，尽诵此偈，即得见性。"不仅如此，五祖还让弟子们焚香礼敬，一起诵读此偈。告诫大众：倘能依此修行，最终也能见性。

"门人诵偈，皆叹善哉。"大家读了这首偈颂后，都表示赞叹。所以，神秀这首偈虽然最终没有入选，但我们还是要看到其中的价值，尤其是对普通人修行的价值。如果轻易否定，很可能高不成低不就，最后一条路都修不起来。

"祖三更唤秀入堂，问曰：偈是汝作否？"三更时分，五祖召唤神秀入室，问他：这首偈颂是你作的吗？

"秀言：实是秀作，不敢妄求祖位。望和尚慈悲，看弟子有少智慧否？"神秀回答说：确实是我作的。我作此偈，并不是妄想得到祖师的位置。恳请和尚慈悲，看看弟子是否有少许智慧？我的理解是否见到一点心性？

"祖曰：汝作此偈，未见本性，只到门外，未入门内。"五祖告诉他：你作这首偈，尚未见到本性，也就是《坛经》开篇提出的菩提自性。这种认识还在门外，尚未入门。那么，门外门内差别在哪里？就在于是否见到本性。只有见到本性，才是跨入门内。否则，即使能在迷惑系统中说一些向往觉悟，甚至貌似觉悟的话，其实并没有真正契入，依旧在门外徘徊。

"如此见解，觅无上菩提，了不可得。"所以五祖的结论是：像这样的见解，想要成就无上菩提，是不可能的。因为没有见性，等于在菩提道上尚未真正入门。当然，也没有资格作为祖师心印的传承者。或许有人会感到奇怪，之前还对大家说"尽诵此偈，即得见性"，为什么此刻又对神秀说"觅无上菩提，了不可得"？这不是自相矛盾吗？须知，"即得见性"是说可以作为见性的基础，但本身没有见性。既然没有见性，就是在迷惑而非觉悟的系统，咫尺天涯，是为"了不可得"。

"无上菩提，须得言下识自本心，见自本性不生不灭，于一切时中，念念自见。"接着，五祖又对神秀作了一番精辟的开示：无上菩提，必须在当下彻见心的本质，彻见本自具足的觉性。我们现在的心念是有生有灭的，而觉悟本体是不生不灭的。当你见道后，每时每刻，在一切起心动念中都能见到。

"万法无滞，一真一切真，万境自如如。"一真，即菩提自性、觉悟本体，为最高的真实。如如，平等不二、不起颠倒分别的境界。当心安住于觉悟本体，我们对世间万法都不会生起染著，不会产生滞碍。因为它像镜子一样，物来影现，物去影灭，不留任何痕迹。证得这一最高真实，我们所看到的，才是事物的本来面目。而在迷惑系统中，所见一切都是被无明改造过的，被观念和情绪投射过的，是扭曲而虚假的。

"如如之心，即是真实。若如是见，即是无上菩提之自性也。"这个如如不动的觉性，才是究竟的真实。如果你能见到这些，就意味着你已体认无上菩提的本体。

"汝且去，一两日思惟，更作一偈，将来吾看。汝偈若入得门，付汝衣法。"为神秀开示佛法精髓后，五祖接着嘱咐说：你现在回去用功一两天，再作一首偈给我看看。如果你的偈能见到本性，我就把衣和法传给你。这里所说的思惟，并不是反复思量，而是探寻现象背后的本体，直接看到尘埃后的镜子，不再把尘埃和镜子混为一谈。

"神秀作礼而出。又经数日，作偈不成，心中恍惚，神思不安，犹如梦中，行坐不乐。"神秀作礼而退。又经过几天，还是作不出偈来。心中恍恍惚惚，坐立不安，犹如在梦中一般。神秀之所以会有这些反应，也来自身份给他带来的压力。因为大家都指望他，他如果不作，觉得责任在身，不得不作；如果要作，又不知如何才能得到五祖印可，不得要领。因为他现在尚未见性，和五祖始终隔了一层。

尽管五祖已经给了他直接的开示，结果他还像猜谜语一样，绕来绕去，就是绕不到那个点。

## 3. 惠能作偈

复两日，有一童子于碓坊过，唱诵其偈。惠能一闻，便知此偈未见本性，虽未蒙教授，早识大意。遂问童子曰："诵者何偈？"

童子曰："尔这獦獠不知。大师言，世人生死事大。欲得传付衣法，令门人作偈来看。若悟大意，即付衣法，为第六祖。神秀上座于南廊壁上书无相偈，大师令人皆诵。依此偈修，免堕恶道；依此偈修，有大利益。"

惠能曰："我亦要诵此，结来生缘。上人，我此踏碓八个余月，未曾行到堂前，望上人引至偈前礼拜。"

童子引至偈前礼拜。惠能曰："惠能不识字，请上人为读。"

时有江州别驾，姓张名日用，便高声读。惠能闻已，遂言："亦有一偈，望别驾为书。"

别驾言："汝亦作偈，其事希有！"

惠能向别驾言："欲学无上菩提，不得轻于初学。下下人有上上智，上上人有没意智。若轻人，即有无量无边罪。"

别驾言："汝但诵偈，吾为汝书。汝若得法，先须度吾，勿忘此言。"

惠能偈曰："菩提本无树，明镜亦非台，本来无一物，何处惹尘埃。"

书此偈已，徒众总惊，无不嗟讶，各相谓言："奇哉！不得以貌取人，何得多时使他肉身菩萨。"祖见众人惊怪，恐人损害，遂将鞋擦了偈，曰："亦未见性。"众以为然。

那么，八个月来在碓坊埋头舂米的惠能，又是怎么向五祖呈上一偈的呢？"复两日，有一童子于碓坊过，唱诵其偈。"再过了两天，有个童子在碓坊前经过，高声唱诵着神秀的偈语。

"惠能一闻，便知此偈未见本性，虽未蒙教授，早识大意。遂问童子曰：诵者何偈？"惠能一听之下，就知道此偈尚未彻见本性。虽然当时他还没有机会得到五祖的具体指导，但因为宿世善根，早已了知佛法心要，了知顿教法门的核心所在。于是问童子说：你诵的是什么偈？

"童子曰：尔这獦獠不知。大师言，世人生死事大。欲得传付衣法，令门人作偈来看。若悟大意，即付衣法，为第六祖。"童子回答说：你这獦獠每天在这里干活，不知寺院最近发生了大事。五祖说：世间的头等大事就是了生脱死。他准备把法脉和袈裟传给弟子，所以让门人都作一首偈给他看。如果有谁见地高超，了悟佛法真义，就将法脉和袈裟传给他，作为禅宗第六代祖师。

"神秀上座于南廊壁上书无相偈，大师令人皆诵。依此偈修，免堕恶道；依此偈修，有大利益。"神秀上座在寺院南廊的墙上写了这首无相偈，五祖让我们都要认真诵读，说根据这首偈修行可以免堕恶道，还可以得到极大的利益。

"惠能曰：我亦要诵此，结来生缘。上人，我此踏碓八个余月，未曾行到堂前，望上人引至偈前礼拜。"上人，对师长或长老大德的尊称，惠能称童子为上人，正如称听众为善知识，可见他内心平等，对任何人都恭敬有加。惠能闻言对童子说：我也要诵一诵这首偈，结下来生的善缘。上人，我在这里踏碓已经八个多月，还没有到过堂前，希望您带我到这首偈颂前礼拜。惠能虽知此偈并未见性，仍要前去礼拜，并不是作秀之举，而是表示他对法的尊重。

"童子引至偈前礼拜。惠能曰：惠能不识字，请上人为读。"童子将惠能领到南廊的偈颂前礼拜。惠能说：惠能不识字，请哪位上人为我读诵一遍。

"时有江州别驾，姓张名日用，便高声读。"江州，唐宋时期行政区划之一，今江西九江。别驾，全称别驾从事史，为州刺史的佐吏。当时有一位江州别驾，名叫张日用，闻言就高声为惠能朗读。

"惠能闻已，遂言：亦有一偈，望别驾为书。"惠能听了之后对他说：我也有一首偈，希望别驾您为我写在壁上。

"别驾言：汝亦作偈，其事希有！"别驾张日用惊道：你也要作偈，这事太稀奇了。大家知道惠能不识字，神秀的偈尚且要别人读给他听，怎么还会写偈呢？确实出人意料。

"惠能向别驾言：欲学无上菩提，不得轻于初学。下下人有上上智，上上人有没意智。若轻人，即有无量无边罪。"没意智，即埋没心智。惠能对别驾说：想要修学无上菩提，不可轻视任何一位初学。因为身份低下者可能是上根利智，而身份高贵者也可能全无智慧。如果随意轻视他人，往往会在不经意间造下无量罪过。因为根性利钝不是以身份、学历等世俗标准决定的。有些人虽然接受教育多年，文化水平很高，但这些知识对学佛未必有什么帮助，反而容易成为我慢的资本。其结果，就是我慢高山，法水不入。所以，知识分子学佛有时比一般人更难契入。当然这也不是绝对的，文化高低可谓各有利弊，不能一概而论，关键在于慧根是否深厚。不管怎么说，我们对任何人都要尊重。《法华经》中的常不轻菩萨，看到每个人都顶礼，告诉对方：因为你是佛，所以我不敢轻视你。他用这样一种方式提醒对方，让对方尊重自己，尊重自身蕴含的宝藏。

"别驾言：汝但诵偈，吾为汝书。汝若得法，先须度吾，勿忘此言。"别驾闻言觉得大有深意，就对惠能说：那请您诵偈，我为您写上。如果您能得到祖师心印，请先来度化我，不要忘了这个约定。

"惠能偈曰：菩提本无树，明镜亦非台，本来无一物，何处惹尘埃。"此偈有三个关键词与神秀之偈相同，那就是菩提、明镜和尘埃。但惠能是直抒胸臆，告诉我们：菩提自性是了无一物、本来清净的，既不是有，也不是空；既不是常，也不是断。所以菩提本来就不是树，明镜也不是台。既然它超越对待，不以任何一种形式存在，哪有什么尘埃可以沾染其上？只要还有一点尘埃，就有一个相在那里，就不是本来清净的菩提自性。而神秀之偈是以身心为菩提道场，以时时勤拂拭来修行。一个讲的是见地，一个讲的是行持，起点截然不同。

"书此偈已，徒众总惊，无不嗟讶，各相谓言：奇哉！不得以貌取人，何得多时使他肉身菩萨。"嗟讶，惊叹。肉身菩萨，即此肉身已是菩萨。这首偈一写出来，五祖的弟子们大为惊讶，纷纷议论道：太稀奇了！真是不能以貌取人，难道此人竟是肉身菩萨不成？因为惠能连字都不识，居然有胆气和神秀上座 PK，只怕是有些来头。

"祖见众人惊怪，恐人损害，遂将鞋擦了偈，曰：亦未见性。众以为然。"五祖看到大家如此惊讶，担心有人出于嫉妒而加害惠能，就脱鞋将墙上的偈擦了，说：这首偈颂也没有见性。大家都认可五祖的说法。

因为大家心目中的得法人是神秀，如果这件水到渠成的事横生变故，总得有让众人信服的理由。而惠能此时还是一个在碓坊干着粗活杂役的净人，出身低微，大字不识。虽然见地高超，但除了五祖这样的明眼人，旁人未必识得。真要让他得了衣钵，在这样一个千人丛林，必然会引起轩然大波。五祖深知其中利害，为保护惠能，非但没有当众认可，反而将偈擦了，使大家不再把注意力集中到惠能身上。

那么，惠能和神秀两偈的根本差别在哪里？神秀之偈主要是从世俗谛的层面而言。在俗谛上，有身心，有世界，有烦恼，有菩提，包括以"时时勤拂拭"清除尘垢的过程，都是可以通过思惟来理解的。而惠能之偈是直接立足于空性，所以没有身心，没有世界，没有烦恼，也没有菩提。它是超越所有的二元对立，但这种空不是断灭，不是顽空，在什么都没有的当下又了了分明。因为六祖已体证空性，故能直陈所见，开显心的本来面目。而神秀尚在门外，只能从世俗层面讲述修行体会。在五祖眼中，自然高下立判。

## 4. 五祖传法

次日，祖潜至碓坊，见能腰石舂米，语曰："求道之人，为法忘躯，当如是乎！"乃问曰："米熟也未？"

惠能曰："米熟久矣，犹欠筛在。"

祖以杖击碓三下而去。惠能即会祖意，三鼓入室。

祖以袈裟遮围，不令人见。为说《金刚经》，至"应无所住而生其心"，惠能言下大悟，一切万法，不离自性。遂启祖言："何期自性，本自清净！何期自性，本不生灭！何期自性，本自具足！何期自性，本无动摇！何期自性，能生万法！"

祖知悟本性，谓惠能曰："不识本心，学法无益。若识自本心，见自本性，即名丈夫、天人师、佛。"

三更受法，人尽不知，便传顿教及衣钵。云："汝为第六代祖，善自护念，广度有情，流布将来，无令断绝。听吾偈曰：有情来下种，因地果还生。无情既无种，无性亦无生。"

祖复曰："昔达摩大师初来此土，人未之信。故传此衣，以为信体，代代相承。法则以心传心，皆令自悟自解。自古佛佛唯传本体，师师密付本心。衣为争端，止汝勿传。若传此衣，命如悬丝。汝须速去，恐人害汝。"

惠能启曰："向甚处去？"

祖云："逢怀则止，遇会则藏。"

惠能三更领得衣钵，云："能本是南中人，素不知此山路，如何出得江口？"

五祖言："汝不须忧，吾自送汝。"

祖相送直至九江驿。祖令上船，五祖把橹自摇，惠能言："请和尚坐，弟子合摇橹。"

祖云："合是吾渡汝。"

惠能云："迷时师度，悟了自度。度名虽一，用处不同。惠能生在边方，语音不正，蒙师传法，今已得悟，只合自性自度。"

祖云："如是如是。以后佛法，由汝大行。汝去三年，吾方逝世。汝今好去，努力向南，不宜速说，佛法难起。"

因为准备传法于惠能的事大爆冷门，出乎所有人意料，即便以五祖这样众所归仰的身份，也要慎之又慎，不便公开认定，以免给惠能带来违缘。所以，五祖选择了十分隐蔽的方式。

"次日，祖潜至碓坊，见能腰石舂米，语曰：求道之人，为法忘躯，当如是乎！"腰石，因为舂米需要用自身体重压下一端为石锤的杠杆，惠能身体瘦弱，只能腰间绑着石头以增加自重，使两边重量均衡。第二天，五祖悄悄来到碓坊，看到惠能腰间绑着石头在舂米，赞许道：求道的人，为法忘躯，就应该像这样啊。这既是五祖对惠能的肯定，也是对后世佛弟子的提醒。现代人学法条件实在太优越了，但这种优越往往使我们缺乏虔诚的求法之心。须知，心和法相应的程度，就取决于我们对法的渴求程度。而凡夫的习惯是，越容易得到的越不在乎。不在乎的结果，就使我们得到的利益随之减少。所以，我们要经常思惟祖师大德舍身忘我的求法精神，激发好乐向道之心。

"乃问曰：米熟也未？"五祖问惠能道：米舂够了吗？这是一句双关语，意思是：你的功夫成熟了吗？

"惠能曰：米熟久矣，犹欠筛在。"惠能回答说：米早已舂够，只差最后筛一下。也就是说：我已体认觉性，只是没有得到印证而已。

"祖以杖击碓三下而去。惠能即会祖意，三鼓入室。"五祖就以拐杖在惠能舂米的地方敲了三下。惠能明白五祖的暗示，于三更时分来到方丈室内。这句短短的描述，体现了惠能和五祖的心心相印，师资道契。

"祖以袈裟遮围，不令人见。"五祖以袈裟遮挡，避免被人看见。此处没有明说是遮围惠能还是遮围窗户，总之是密传。

"为说《金刚经》，至'应无所住而生其心'，惠能言下大悟，一切万法，不离自性。"五祖为惠能讲说《金刚经》，到"应无所住而生其心"时，惠能当下彻悟，悟到宇宙间一切万法都没有离开菩提自性。此处的大悟，跟之前所悟有何不同？当惠能呈偈时，其实已经悟了。但从偈的内容看，当时的悟还是偏于体。在空性的层面，没有能也没有所，没有身心也没有世界，没有烦恼也没有菩提。但在缘起的层面，它是有能有所，有身心有世界，有烦恼有菩提。空性虽然空无所有，但同时又从空出有，能生万法。所以，仅仅证得空是不完整的，至空有不二，才是有体有用，是真正的圆满。惠能现在的言下大悟，不仅悟到了体，同时也悟到了用。就像《心经》所说的那样："色不异空，空不异色；色即是空，空即是色。"既悟到空性的体，又悟到缘起的有，才是完整的证悟。

"遂启祖言：何期自性，本自清净！何期自性，本不生灭！何期自性，本自具足！何期自性，本无动摇！何期自性，能生万法！"何期，想不到，这是惠能的感慨之声，也是一种不期而遇的惊喜。惠能言下大悟，禀告五祖说：想不到这个自性是本来清净的，不会因为我们是凡夫就受到染污，过去如此，现在如此，未来也是如此。想不到这个自性是没有生灭的，不会像妄念那样刹那生灭，念念无常。想不到这个自性是具足一切的，不会像执著那样需要外在支撑，需要条件和合。想不到这个自性是从不动摇的，不随外境左右，而是像虚空那样，不论发生什么都如如不动。更想不到这个自性还能出生万法，所谓一即一切，妙用无方。前面四句是说菩提自性的体，最后一句则是菩提自性的用，空无所有而能显现一切。惠能此刻所悟，是体用兼备，空有圆融。

"祖知悟本性，谓惠能曰：不识本心，学法无益。若识自本心，见自本性，即名丈夫、天人师、佛。"五祖听到惠能这番心声，知道他已证悟，叮嘱道：如果不了解内在的觉悟本体，不能明心见性，即使把三藏十二部典籍倒背如流，也是没有实际力用的，只会增加我慢和妄想而已。一旦体认内在的觉悟本体，就是大丈夫、人天导师。在某个层面来说，也和三世诸佛无二无别了。因为你已体认诸佛证得的境界，在所证上是没有区别的。所以从禅宗的见地来说，成佛并不是遥不可及的梦想，也未必要三大阿僧祇劫的漫长旅程，关键是有这样的认识，真正见到并敢于承担。传法到此就结束了，看起来，不过是石火电光的刹那，就已得到千万人瞩目的衣法。这固然是惠能宿根深厚，也是五祖慧眼独具，才会舍追随多年的上座神秀，而选择初来乍到的净人惠能。

"三更受法，人尽不知，便传顿教及衣钵。"衣钵，衣是袈裟，此处特指达摩祖师以来代代相传的袈裟；钵是用来盛放施主所供食物的应器，是出家人的重要法物，可作师承信证，代表心法的授受。此番三更受法，在寺院其他人尚未知晓的情形下，五祖便将顿教的法脉和衣钵传给惠能。所谓顿教，是直接从真心入手，体认内在觉性，有别于从妄心入手而渐次修行的渐教。惠能自身的悟道、得法经历，正是顿教修行的生动写照。

"云：汝为第六代祖，善自护念。"传法之后，五祖告诫惠能说：你现在是禅宗第六代祖师，虽已见性，但不是说修行已经完成，还需要进一步悟后起修。古德云："大事未明，如丧考妣。"大事未明，就是没有见到觉悟本体，只能随业流转，有如父母双亡般令人悲痛。

但接着还有一句："大事已明,亦如丧考妣。"为什么? 难道明了还不行吗? 既然还是如丧考妣,明白这个大事有什么用呢? 这是因为,见性只是真正修行的开始,接着还要面对无始以来的串习,所以见道后还要修道,还要经过种种历练。六祖虽然得到印证,但现在的所悟就像婴儿一般,需要精心呵护,长养圣胎。在任何境界中,都要时时提起正念,是为"善自护念"。

"广度有情,流布将来,无令断绝。"作为禅宗六祖,五祖对惠能的期许不仅是善自护念,还有进一步的嘱托,那就是在未来广度有情,将这一脉教法流传下去,不要使之断绝。其后,惠能果然没有辜负五祖所托,令禅宗发扬光大,盛极一时。在他之前,禅宗基本是一脉单传,总体影响不大。继六祖惠能后,才大行于世,人才辈出,形成五家七宗的繁荣景象。正是惠能的"一花开五叶",才有了影响整个汉传佛教的禅宗时代。

"听吾偈曰:有情来下种,因地果还生。无情既无种,无性亦无生。"传法通常要说一首偈,这个习惯保留至今。五祖的偈颂说:有情的身心就像一片田地,因为播下成佛的种子,才能结出无上菩提的果实。如果没有这个因缘,没有田地也无人播种,最终是不会有什么结果的。这首偈说明,成佛也离不开因缘因果。

"祖复曰:昔达摩大师初来此土,人未之信,故传此衣,以为信体,代代相承。"说偈之后,五祖又告诉惠能:昔日达摩大师刚到中土时,大家对他缺乏了解和信任,所以传下这件袈裟,作为表信之物,代代相承。这是说明衣的来源及作用。

"法则以心传心,皆令自悟自解。"事实上,传法是以心传心,更重要的，是接法者自己的体认。因为我们要证得的菩提自性，人人皆有，个个不无，关键在于你能否见到，这是无人可以替代的，更不是得到衣钵就能解决的。

"自古佛佛唯传本体，师师密付本心。"自古以来，佛与佛只是互相印可内在证境，而不是传一个有相的什么。一旦体认，"汝既如是，吾亦如是"。在师徒之间，这种传承也是比较个体化的，故有"私通车马"一说，是为密付。所谓密，是相对大众化的教法而言。顿悟法门之所以那么直接迅速，见地固然重要，明眼人的点拨也很重要。必须对火候拿捏得非常精准，只要一出手，就将学人的能所打开，使内在觉性呈现出来。这是一种可遇不可求的因缘，也是难以复制的，离开此时、此地、此人，同样的流程就不会出现同样的结果。否则的话，我们就可以照着公案，每天上演开悟的剧目了。

"衣为争端，止汝勿传。若传此衣，命如悬丝。汝须速去，恐人害汝。"五祖虽然将衣传给惠能，却叮嘱他说：这件袈裟是引发争端的源头，到你手中之后，就此为止，不必再传。如果再传此衣，将有生命危险。现在你赶紧离开此地，否则的话，恐怕有人会加害于你。因为衣是一个有形的信物，而任何有形之物都容易出现问题，所以五祖让他不必再传，这就更加干净利落。

"惠能启曰：向甚处去？祖云：逢怀则止，遇会则藏。"惠能问五祖说：我应该往哪里去？五祖告诉他：遇到地名中有"怀"字的，即止步。遇到地名中有"会"字的，就藏身于此。了解六祖生平就可以知道，五祖所说的"怀"，是广东西北部的怀集，"会"则是广东中部偏西的四会。

"惠能三更领得衣钵，云：能本是南中人，素不知此山路，如何出得江口？"惠能三更得到衣钵，又得到五祖让他立刻离开的指示，问说：惠能本是南方人，向来不知道这里的山路，怎样才能出山前往江边？

"五祖言：汝不须忧，吾自送汝。"五祖说：你不必担心，我亲自送你出山。

"祖相送直至九江驿。祖令上船，五祖把橹自摇，惠能言：请和尚坐，弟子合摇橹。"五祖将惠能送到九江驿，让惠能上船后，五祖拿着船橹摇了起来。惠能说：请和尚坐下，应该由弟子摇橹。

"祖云：合是吾渡汝。"五祖说：应该是我来度你。此处语带双关，指出了修学佛法的一个重要问题：究竟是自度还是他度？惠能是如何作答的呢？

"惠能云：迷时师度，悟了自度。度名虽一，用处不同。"惠能回答说：迷惑时要靠师长来度，证悟后就要靠自己来度。虽然都是名为"度"，但两者的用处不同，内涵不同。师度只是一个增上缘，真正的度是自度。即使是佛菩萨，也无法将众生度到哪里。最终的解脱都是靠自己，靠内在的觉悟潜质。所以从究竟意义上说，还是要自度。

"惠能生在边方，语音不正。蒙师传法，今已得悟，只合自性自度。"惠能接着说：我生在边远地区，语音都与此处不同。承蒙师父慈悲，将无上心法传付给我。既然我已经悟道，就应该自性自度。这也是禅宗修行的特点所在，直下承担，自我拯救。

"祖云：如是如是，以后佛法，由汝大行。汝去三年，吾方逝世。汝今好去，努力向南，不宜速说，佛法难起。"五祖对惠能的见地表示认可，并授记说：以后，禅宗法脉将由你广为弘扬，大行于世。你离开三年后，我才去世。你现在一路好走，只管向南而去。不要太早出来说法，否则会遇到违缘，令禅宗难以光大。

以上，是五祖向六祖传法的经过。这种传是以心传心，而不是我们通常理解的，传一本秘籍或口诀，更不是传一个职务或地位。那么，心可以传吗？祖师西来意可以传吗？有道是："向上一着，千圣不传，学者劳形，如猿捉影。"可见，传法不是传一个有形的什么，也不是传一个现成的什么，祖师所做的只是开启和印证而已。就像我吃过苹果，你现在也吃到了，向我汇报苹果的味道，由我确认，你吃到的究竟是不是苹果，就这么一个道理。真正的法没办法传，也没什么好传，可以传的都是方便。不仅传法如此，世间任何一种能力和境界都是如此。别人的境界无法成为你的境界，别人的能力无法成为你的能力。别人固然可以教你，但必须经过自己的努力，才能具备这种能力，达到这种境界，否则永远隔了一层。禅宗提供的，正是这样一种自悟自解之道。没有谁是救世主，每个人只能独立自主，自力更生。即使到西方极乐世界，最后还是得自己花开见佛，才能悟无生。

# 三、接引惠明

惠能辞违祖已，发足南行。两月中间，至大庾岭（五祖归，数日不上堂。众疑，诣问曰："和尚少病少恼否？"曰："病即无，衣法已南矣。"问："谁人传授？"曰："能者得之。"众知焉。）逐后数百人来，欲夺衣钵。

一僧俗姓陈，名惠明。先是四品将军，性行粗糙，极意参寻，为众人先，趁及惠能。惠能掷下衣钵于石上，云："此衣表信，可力争耶。"能隐草莽中，惠明至，提掇不动。乃唤云："行者！行者！我为法来，不为衣来。"

惠能遂出，坐盘石上。惠明作礼云："望行者为我说法。"

惠能云："汝既为法而来，可屏息诸缘，勿生一念，吾为汝说。"明良久。惠能云："不思善，不思恶，正与么时，那个是明上座本来面目。"

惠明言下大悟。复问云："上来密语密意外，还更有密意否？"惠能云："与汝说者，即非密也。汝若返照，密在汝边。"

明曰："惠明虽在黄梅，实未省自己面目。今蒙指示，如人饮水，冷暖自知。今行者即惠明师也。"惠能曰："汝若如是，吾与汝同师黄梅。善自护持。"

明又问："惠明今后向甚处去？"惠能曰："逢袁则止，遇蒙则居。"明礼辞。（明回至岭下，谓趁众曰：向陟崔嵬，竟无踪迹，当别道寻之。趁众咸以为然。惠明后改道明，避师上字。）


惠能带着衣钵南下不久，即有数百人随后追来。当惠明率先追上六祖，准备夺回衣钵时，事情却出现戏剧性的转机。他不仅成了惠能悟道后度化的第一人，还为他引开了尾随而至的众人，使惠能安全脱身。那么，他是如何发生转变，转变的契机又是什么？

"惠能辞违祖已，发足南行。两月中间，至大庾岭。"惠能辞别五祖后，启程向南，急奔而去。两个月间，就来到了大庾岭，即现在江西大庾岭县的南部，与广东南雄交界。

"五祖归，数日不上堂。众疑，诣问曰：和尚少病少恼否？曰：病即无，衣法已南矣。问：谁人传授？曰：能者得之。众知焉。"诣，特指到尊长那里。五祖将衣法传给惠能并亲自送其出山，归来后，接连多日没有上堂说法。大家感到疑惑，前去向五祖请安道：和尚身体还健康吗？五祖回答说：我没有病，只是衣法已往南方去了。大家接着再问：到底是谁得了衣法？五祖说：能者得之。大家就明白是怎么回事了。此处的"能者"也是语带双关，既指惠能的"能"，也指有能力见性的"能"。

"逐后数百人来，欲夺衣钵。"得到这个消息后，就有数百人一路追赶而来，想要夺回衣钵。

"一僧俗姓陈，名惠明。先是四品将军，性行粗糙，极意参寻，为众人先，趁及惠能。"趁，追赶。有个出家人，俗家姓陈，名惠明。在家时是四品将军，性情和行为都比较莽撞，而且一心想要追上惠能，所以跑在众人之前，居然就赶上惠能了。

"惠能掷下衣钵于石上，云：此衣表信，可力争耶。"惠能眼看被人追上，就把衣钵放在石头上说：衣钵是用来传法的信物，难道凭蛮力就可以抢得到吗？

"能隐草莽中，惠明至，提掇不动。"惠能把衣钵放下后，就隐身于草丛中。惠明赶到，祖师衣钵已是唾手可得，但他怎么也无法提起。关于"提掇不动"，有两种说法。其一，祖师衣钵自有护法守护，不是谁想拿就可以拿去的。其二，惠明虽然对衣钵南去非常着急，一路追赶，此时却想到：衣钵毕竟是五祖亲自交付的，夺回只怕不妥。所以，这个"提掇不动"是不敢也不好意思去拿。

"乃唤云：行者！行者！我为法来，不为衣来。"所以惠明就呼唤道：行者！我是为求法而来，不是为争抢衣钵而来。

"惠能遂出，坐盘石上。"惠能听到他的态度和发心已经改变，就从隐身处出来，盘腿坐在石上。

"惠明作礼云：望行者为我说法。"惠明作礼道：希望行者为我开示，你从五祖那里究竟得了什么心法？按照戒律，惠明是出家人而惠能是在家人，是不必行礼的。但惠能现在已是衣钵传人，是法的持有者，所以惠明是为了敬法而作礼。

"惠能云：汝既为法而来，可屏息诸缘，勿生一念，吾为汝说。"惠能说：既然你是为求法而来，那么现在就把所有想法统统放下，什么念头也不要有，我将为你说法。

"明良久。惠能云：不思善，不思恶，正与么时，那个是明上座本来面目。"惠明沉默良久。惠能说道：善的也不要想，恶的也不要想，此时此刻回观反照，那个一念不生、没有分别对待的心，正是明上座的本来面目。这就是禅宗的引导方式，单刀直入，直接契入心的本质。凡夫为无明所惑，执著于二元对立的能所假相，所以就会有善恶、美丑、好坏、是非、空有之分。事实上，这些本身是缘起法，并不会遮蔽空性。真正对见性构成障碍的，是我们对缘起现象的执著。惠能的开示，就是引导惠明排除干扰，超越对待，直接看到本来面目，看到尘埃后的镜子。此处，也有版本为"哪个是明上座的本来面目"，这也是一种引导方式，是让对方起疑情，由此一路探寻并最终见性，不如"那个"来得直接。

"惠明言下大悟。复问云：上来密语密意外，还更有密意否？"在这番引导下，惠明当下体悟内在觉性，但还是缺乏自信，又问惠能道：除了以上你给我指示的密语密意，是否还有什么其他更深的内涵？因为我们总是把祖师西来意想得非常复杂，把觉性想得深奥玄妙，甚至以为见性后就神通广大，无所不能。其实，刚见性时是没有多少力量的，如果抓不住，甚至会一闪而过，一见之后永不再见。所以惠明有点不敢相信：还有吗？就是这样吗？

"惠能云：与汝说者，即非密也。汝若返照，密在汝边。"惠能说：可以和你说的，都不是真正的密。如果你能回观反照，真正的密其实就在你自己身上，从未远离，从未失去。这个密，就是内在的觉悟本体，这是生命最大的秘密。你不认识的时候，它就是密；当你认识到了，它就不再是密。所以密与不密也是相对的，关键是看得到还是看不到。

"明曰：惠明虽在黄梅，实未省自己面目。今蒙指示，如人饮水，冷暖自知。今行者即惠明师也。"惠明说：我虽然在黄梅五祖那里修行多年，确实还没见到自己的本来面目。现在经过您的点拨，终于见到这个觉悟本体。就像亲自喝了水那样，是冷是暖，个中况味只有自己知道。所以，行者您从现在起就是我的师长。

"惠能曰：汝若如是，吾与汝同师黄梅。善自护持。"惠能说：既然你也体认到了，那么我就和你一起师从五祖，你今后还要善自护持。又是一句"善自护持"，之前五祖也是这样吩咐惠能的。所以说，见道不等于一切，之后还要继续护念，不令迷失，禅宗称为"保任"。所谓保任，就是体认后不断地熟悉它、保护它，不令丢失。

"明又问：惠明今后向甚处去？"惠明又问：我今后应该到什么地方继续修行？

"惠能曰：逢袁则止，遇蒙则居。"惠能说：遇到地名有"袁"字的地方就止步，遇到地名有"蒙"字的地方就住下。袁，指江西袁州。蒙，为袁州蒙山。

"明礼辞。（明回至岭下，谓趁众曰：向陟崔嵬，竟无踪迹，当别道寻之。趁众咸以为然。惠明后改道明，避师上字。）"陟，登高。崔嵬，高耸。惠明得到指示后，作礼告退。他回到岭下，告诉追赶的众人说：向上攀登的山路非常陡峭，一点惠能的踪迹都没有，应该到其他道路去寻找。追赶的众人都相信了，不再往前。惠明后来更名为道明，以避惠能的"惠"字。因为他已尊惠能为师，所以不再用平辈师兄弟的名字。

以上，介绍了又一个顿悟的案例。为什么在"不思善，不思恶"的一念反照之际，就能明心见性？关键在于，那一刻能彻底放下，没有能思，没有所思，而又明明了了，那就是心的本来面目。直接看到它，就是了。而我们的麻烦在于，或是抱着一个"我要不思善，不思恶"的念头，或是把"那个不思善，不思恶的"当作我，总归要抓住点什么，结果就一叶蔽目，看不见了。所以，有时修行难的不是做些什么，而是不做什么。

# 四、剃度出山

　　惠能后至曹溪，又被恶人寻逐。乃于四会避难猎人队中，凡经一十五载，时与猎人随宜说法。猎人常令守网，每见生命尽放之。每至饭时，以菜寄煮肉锅。或问，则对曰："但吃肉边菜。"

　　一日思惟，时当弘法，不可终遁，遂出至广州法性寺。值印宗法师讲《涅槃经》，时有风吹幡动。一僧曰风动，一僧曰幡动，议论不已。

　　惠能进曰："不是风动，不是幡动，仁者心动。"一众骇然。

　　印宗延至上席，征诘奥义。见惠能言简理当，不由文字。宗云："行者定非常人，久闻黄梅衣法南来，莫是行者否？"惠能曰："不敢。"

　　宗于是作礼，告请传来衣钵，出示大众。宗复问曰："黄梅付嘱，如何指授？"惠能曰："指授即无，惟论见性，不论禅定解脱。"

　　宗曰："何不论禅定解脱？"能曰："为是二法，不是佛法。佛法是不二之法。"

　　宗又问："如何是佛法不二之法？"惠能曰："法师讲《涅槃经》，明佛性是佛法不二之法。如高贵德王菩萨白佛言：犯四重禁、作五逆罪及一阐提等，当断善根佛性否？佛言：善根有二，一者常，二者无常。佛性非常非无常，是故不断，名为不二。一者善，二者不善，佛性非善非不善，是名不二。蕴之与界，凡夫见二，智者了达其性无二。无二之性，即是佛性。"

印宗闻说，欢喜合掌言："某甲讲经犹如瓦砾，仁者论义犹如真金。"于是为惠能剃发，愿事为师。惠能遂于菩提树下，开东山法门。

这一段和上一段之间，已相隔十五年。期间经历，仅以四十余字带过。然后，重点讲述了惠能出山弘法的缘起。

"惠能后至曹溪，又被恶人寻逐。乃于四会避难猎人队中，凡经一十五载，时与猎人随宜说法。"惠能后来到了曹溪，又被那些想要夺回五祖所传袈裟的人追逐。于是，在四会避难到猎队中，隐身达十五年之久。在此期间，时常随缘为猎人们说些佛法，应机教化。

"猎人常令守网，每见生命尽放之。每至饭时，以菜寄煮肉锅。或问，则对曰：但吃肉边菜。"猎人们经常让他看守捕捉动物的罗网，惠能只要看到动物还活着，就网开一面，将之放走。每到吃饭的时候，就以野菜放在肉锅中一起煮。如果有人询问，就回答说：我吃肉边菜即可。

"一日思惟，时当弘法，不可终遁，遂出至广州法性寺。"一天，惠能想到自己还承担着续佛慧命、光大禅宗的重任，终究不能长期隐遁下去，所以就出山来到广州法性寺，即现在的光孝寺。

"值印宗法师讲《涅槃经》，时有风吹幡动，一僧曰风动，一僧曰幡动，议论不已。"印宗法师，精通《涅槃经》，曾至五祖处参学。《涅槃经》，释迦牟尼佛在涅槃前所说的最后一部经典。幡，直挂的长条形旗子。其时，正值印宗法师在寺中开讲《涅槃经》。惠能到来时，恰好有风吹动经幡。两位僧人因此争论起来，一位说是风在动，另一位说是幡在动，各执己见，争论不休。

"惠能进曰：不是风动，不是幡动，仁者心动。"惠能见状就上前说道：不是风动，也不是幡动，而是仁者你们的心动了。曾有教科书把这个典故作为佛教是唯心主义的典型例子：明明是风在动，明明是幡在动，怎么会是心动呢？ 从缘起法来说，这只是因缘和合的现象，不能单纯说是风动或是幡动。没有风，幡能动吗？ 没有幡，又怎么知道风在动呢？ 如果认为一定是风动，或一定就是幡动，都是心念的偏执，所以六祖立刻指出问题所在，那就是"心在动"。

"一众骇然。"众人听到这个说法，大吃一惊。这是惠能隐居十五年后的一次闪亮登场，语出惊人，非同凡响。

"印宗延至上席，征诘奥义。见惠能言简理当，不由文字。"上席，座中第一位。征诘，验证、追问。奥义，文字蕴含的深奥义理。印宗法师见一位居士出言不凡，就请至上座，详细询问佛法深意。晤谈之下，觉得惠能言简意赅，所说无不契于佛理，但都是自性流露，而非照搬经典文字。

"宗云：行者定非常人，久闻黄梅衣法南来，莫是行者否？"印宗法师说：行者必定不是普通学佛者。早就听说黄梅五祖的衣钵传人已经来到南方，莫非就是行者吗？

"惠能曰：不敢。"不敢是谦词，认可了印宗的猜测。

"宗于是作礼，告请传来衣钵，出示大众。"印宗法师见惠能果然就是禅宗六祖，就对他作礼，并希望他将衣钵拿来给大众瞻仰一下。此处的作礼，和之前惠明的作礼同样，是出于对法的恭敬。

"宗复问曰：黄梅付嘱，如何指授？"付嘱，交付，叮嘱。指授，指导，传授。衣钵仅仅是表信之物，作为修行人，更关心的自然是法而不是衣。所以印宗接着就问：黄梅传法给您，究竟传了些什么？其教法的核心是什么？

"惠能曰：指授即无，惟论见性，不论禅定解脱。"惠能回答说：如果要说传授什么，其实是没有的。顿教的修行重点在于明心见性，是直接体认心的本质，而不是通过修习戒定慧获得解脱的常规路线。禅宗是无法之法，没有一定之规，也不希望学人拘泥于某个方法。说指授即无，并不是要否定五祖对他的印证和开示，而是不让学人执著于修法的形式。事实上，佛教所有法门都是方便施设的手段，目的是解粘去缚。可究竟是谁绑住你呢？四祖向三祖求法时说：我向和尚请求解脱之道。三祖就问：谁绑住你？其实，绑住我们的不是别人，恰恰是我们自己。从另一方面来说，这个捆绑的绳索也是妄想变现的，了不可得。一旦体认到这点，当下就是解脱。

"宗曰：何不论禅定解脱？"印宗法师就问：为什么不论禅定解脱？这也是大部分人的疑问，如果不论禅定解脱，还是佛法吗？还修什么呢？

"能曰：为是二法，不是佛法。佛法是不二之法。"惠能回答说：禅定解脱是有对待的，是二法，而佛法是不二之法。这里所说的佛法，是第一义谛，是觉悟本体，是超越一切对待的。如果执著于二元对立之法，即便再努力地学，再精进地修，已然偏离正道，不复佛法本味了。《辨中边论》说，我们对每个法的理解，可能在遍计所执的层面，可能在依他起的层面，也可能在圆成实的层面。带着执著理解的佛法，是在遍计所执的层面，不是真正的佛法。在依他起的层面，才是佛法本身。到了圆成实的层面，才是佛法最为究竟、最为根本的所在。现在惠能所说的，正是超越遍计所执和依他起的无上真理。

"宗又问：如何是佛法不二之法？"印宗法师又问：什么才是佛法的不二之法呢？

"惠能曰：法师讲《涅槃经》，明佛性是佛法不二之法。"惠能回答说：就像法师所说的《涅槃经》中，阐明佛性就是不二之法。因为对佛性的体认要超越二元对待，非常非断，非有非无，非好非坏。所有这些对待都是迷惑系统的概念，虽然佛菩萨也说这些，但只是为了方便施设而说，是"由假说我法"。

"如高贵德王菩萨白佛言：犯四重禁、作五逆罪及一阐提等，当断善根佛性否？"四重禁，杀盗淫妄四根本戒。五逆罪，杀父、杀母、杀阿罗汉、破和合僧、出佛身血。一阐提，无成佛之因。《涅槃经》中，高贵德王菩萨问佛陀说：如果一个人犯了四种根本重戒，或五无间罪，或本身就属于一阐提等，他们已经彻底断绝善根，没有佛性了吗？

"佛言：善根有二，一者常，二者无常。佛性非常非无常，是故不断，名为不二。"佛陀回答说：善根有两种，一种是常，一种是无常。但佛性超越常与无常，所以不会断灭，这就称为不二法门。

"一者善，二者不善，佛性非善非不善，是名不二。"世间法中，一种是善的，一种是不善的。但佛性既不能说善，也不能说不善，因为善恶都是相对的，而佛性是离言绝待的，这就称为不二法门。

"蕴之与界，凡夫见二，智者了达其性无二。无二之性，即是佛性。"蕴，色受想行识五蕴。界，指十八界，分别为六根、六尘、六识。在凡夫的认识上，五蕴、十八界是有差别对待的，并会执著于这种差别。但真正开悟的智者，就能看到五蕴、十八界的本质都是空性。这个无差别的本质，就是佛性。此外，众多佛典都说到不二的问题。《心经》说："是诸法空相，不生不灭，不垢不净，不增不减。"诸法实相即是空相，是没有生灭、垢净、增减差别的。《瑜伽师地论》说："不二者，即是显真实义也。"唯有超越对二元的执著，才能认识究竟真实。《中论》说："不生亦不灭，不常亦不断，不一亦不异，不来亦不去。能说是因缘，善灭诸戏论，我稽首礼佛，诸说中第一。"不生不灭、不常不断、不一不异、不来不去为"八不"，是对八种自性见的否定。因为凡夫有生的自性见，灭的自性见；有常的自性见，断的自性见；有一的自性见，异的自性见；有来的自性见，去的自性见。这些都是戏论而已，唯有否定这些自性见，才能体会到最高真理。而在《维摩经》中，则是从三个层次来表述空性。第一个层次，是众多菩萨所说的不二，比如善和恶、常和无常、烦恼和菩提都是不二的，使心不再陷入二元对待。第二个层次，是文殊菩萨所说的不二，是超越语言，无法表述的。第三个层次，是维摩诘所说的不二，干脆连说都不说，只是默然。

"印宗闻说，欢喜合掌言：某甲讲经犹如瓦砾，仁者论义犹如真金。"印宗法师听了六祖的开示后，法喜充满，合掌赞叹：我所讲述的经义就像瓦砾一样，而仁者讲述的佛法就如真正的黄金那么纯净，弥足珍贵。

"于是为惠能剃发，愿事为师。"于是，印宗法师就为惠能剃度，并希望将他奉为师长，随其修学。所以，印宗法师虽然成就六祖出家，但并不是收了一个徒弟，而是拜了一位师父，这在佛教史上也是非常罕见的。

"惠能遂于菩提树下，开东山法门。"东山，指五祖传下的顿教法门，因五祖居于蕲州黄梅县黄梅山，其山位于县东，故名东山。惠能剃度后，就在菩提树下弘扬传自五祖弘忍的顿教法门。据史料记载，早在刘宋永初元年（420年），印度高僧求那跋陀罗来到广州，在此寺创建戒坛时曾预言：后当有肉身菩萨于斯受戒。梁武帝天监元年（502年），印度智药三藏不远万里，从印度带来菩提树种在戒坛前，并预言：吾过后一百七十年，有肉身菩萨于此树下开演上乘，度无量众。两位古德的授记不谋而合，可见，惠能在此树下开东山法门，实在有着不可思议的因缘。

惠能于东山得法，辛苦受尽，命似悬丝。今日得与使君、官僚、僧尼道俗同此一会，莫非累劫之缘，亦是过去生中供养诸佛，同种善根，方始得闻如上顿教得法之因。教是先圣所传，不是惠能自智。愿闻先圣教者，各令净心。闻了各自除疑，如先代圣人无别。

一众闻法，欢喜作礼而退。

以上，六祖讲述了自己从得法到开始弘法的经历。之所以说这些，不是为了拉家常，更不是为了自我标榜，而是向大家介绍这一法脉的由来及得法的艰难，由此生起重法、敬法之心。接着，是对大众的一番劝勉。

"惠能于东山得法，辛苦受尽，命似悬丝。"惠能说：我在五祖弘忍那里得法之后，历尽艰辛，经常被人追逐，时时都有生命危险。

所以，这一法脉得以传承，殊为难得。

"今日得与使君、官僚、僧尼道俗同此一会，莫非累劫之缘，亦是过去生中供养诸佛，同种善根，方始得闻如上顿教得法之因。"现在可以和使君、官员、僧俗弟子聚会于此，宣讲顿教法门，应该是多生累劫的善缘，也是过去生因为供养诸佛而共同种下的善根，所以才有因缘听闻这样至高无上的顿教心法。我们今天有机会一起学习《六祖坛经》，同样是往昔结下的法缘使然，希望大家都能用心珍惜，"莫将容易得，便作等闲看"。

"教是先圣所传，不是惠能自智。愿闻先圣教者，各令净心。闻了各自除疑，如先代圣人无别。"我现在给你们讲说的无上法门，是诸佛菩萨和历代祖师传承而来，不是我自己随便想出来的。想要听闻圣贤教诲的同修们，请各自端正闻法心态，让心保持清净。如果大家能在听闻后体证觉性，解除疑惑，就和祖师大德乃至诸佛菩萨没什么区别了。这个无区别是就所证而言，并不是说，一经悟入就能具备佛菩萨的所有功德。

"一众闻法，欢喜作礼而退。"大家听了六祖所说的顿教法门的由来后，非常欢喜，觉得稀有难得，闻所未闻，行礼之后就告退了。

《行由品》主要介绍了惠能从初闻佛法至得道弘法的经历，包括求道因缘、得法经过、剃度出山等，其中的每一部分，都显示出惠能不同寻常的深厚善根。或许有人会因此气馁，觉得自己障深慧浅，难以企及。但我们要知道，慧根不是天上掉下来的，而是来自多生累劫的努力，所谓积土成山，积水成渊。不论我们现在的根机如何，只要开始修学，永远都不算晚。

# 【般若品第二】

启动
内在智慧的
钥匙

　　《般若品》主要讲述顿教的见地及这一见地的殊胜。见地是一个宗派的核心内容，也是体现此宗派思想高度的标尺。禅宗之所以是至高无上的法门，之所以能"一超直入如来地"，原因就在于见地高超，直截了当。正是在这样的见地下，才能有快捷的成就之道。其后的《疑问品》《定慧品》《坐禅品》等，主要介绍了顿教的修行。如果说见地是修行的指导，那么修行就是对见地的体证，最终还要落实到心行上。所以，这一品可谓重中之重。

　　顿教的见地究竟是什么？就是告诉我们，每个众生本具菩提自性，在生命的某个层面，和三世诸佛无二无别。从现状来看，众生和佛有着天壤之别；而从根本来说，他们的分歧点就在于迷悟一念之间。迷失觉悟本体，所以成为众生；体认觉悟本体，当下就是觉者。

　　《般若品》主要解释"摩诃般若波罗蜜"。般若系的经典，有《放光般若》《文殊般若》《金刚般若》《大般若经》等，统称"摩诃般若波罗蜜"。对于"摩诃般若波罗蜜"，中观学者和禅宗祖师的解释不太一样。《般若经》的核心思想为缘起性空，龙树菩萨的"因缘所生法，我说即是空，亦名为假名，亦名中道义"，就是对这一思想的精辟总结。中观的修行理路，是通过对缘起无自性空的认识建立正见，依此修习观照般若、实相般若，从而抵达彼岸，即"波罗蜜"。而禅宗的修行，则是引导我们直接体认般若，体认觉性。

次日，韦使君请益。师升座，告大众曰："总净心念摩诃般若波罗蜜多。"

复云："善知识！菩提般若之智世人本自有之，只缘心迷，不能自悟，须假大善知识示导见性。当知愚人智人，佛性本无差别。只缘迷悟不同，所以有愚有智。吾今为说摩诃般若波罗蜜法，使汝等各得智慧。志心谛听，吾为汝说。"

"次日，韦使君请益。"第二天，韦使君继续向六祖请法，希望得到更深入的指导。法通常都是应请而说，这既是为了表示对法的尊重，也是因为，只有当学人生起闻法意乐时，法才会进入他的心相续中，对他产生作用。

"师升座，告大众曰：总净心念摩诃般若波罗蜜多。"六祖登上法座，告诫大众说：你们要时时以清净心忆念"摩诃般若波罗蜜多"。早在四祖起，就常劝门人念"般若波罗蜜多"。六祖所提倡的念，不仅是念诵的念，而是把"摩诃般若波罗蜜多"变成自身正念，念念不忘，是这个意义上的念。

"复云：善知识！菩提般若之智世人本自有之，只缘心迷，不能自悟，须假大善知识示导见性。"大善知识，不是普通的善知识，而是能引导我们见性的明师。六祖接着说：各位善知识，菩提般若的智慧是世人本自具足的。只是因为内心被无明所惑，才没有能力认识，没有能力完成自悟自觉的修行。如果人们根本不知道自己有佛性，怎么会想到自己还可以成佛呢？这就必须有明眼的大善知识，引导我们去见性，去体认觉悟本体。这段文字是对"菩提自性，本来清净，但用此心，直了成佛"的深化。在"本来清净"和"但用此心"之间，有一个不可或缺的重要条件，那就是"大善知识示导见性"，否则也是悟不了的。即使像六祖这样的根机，也需要五祖加以印证。

"当知愚人智人，佛性本无差别。只缘迷悟不同，所以有愚有智。"我们要知道，不论愚者还是智者，乃至圣贤、凡夫、动物，在佛性上都是一味平等、了无差别的。只是因为迷和悟的差别，所以才有愚痴和智慧的不同显现。当你体证生命内在的佛性，就是智者，就是圣贤。当你迷失生命内在的佛性，就是愚者，就是凡夫。换言之，正是迷悟的一念之差，造就了众生和佛菩萨的天渊之别。当然，迷也有深浅不同，从而导致有情根机的利钝，素质的高下。佛教之所以有八万四千法门，正是佛陀顺应不同根机而施设的种种教法。

"吾今为说摩诃般若波罗蜜法，使汝等各得智慧。志心谛听，吾为汝说。"现在，我就为你们开显有关"摩诃般若波罗蜜"的修行法门，你们要专心聆听，我来帮助大家认识，内在的般若智慧究竟有哪些特征。

# 一、释摩诃般若——开显觉悟本体的特征

善知识！世人终日口念般若，不识自性般若，犹如说食不饱。口但说空，万劫不得见性，终无有益。

善知识！摩诃般若波罗蜜是梵语，此言大智慧，到彼岸。此须心行，不在口念。口念心不行，如幻如化，如露如电。口念心行，则心口相应。本性是佛，离性无别佛。

何名摩诃？摩诃是大。心量广大，犹如虚空，无有边畔，亦无方圆大小，亦非青黄赤白，亦无上下长短，亦无嗔无喜，无是无非，无善无恶，无有头尾。诸佛刹土，尽同虚空。世人妙性本空，无有一法可得。自性真空，亦复如是。

善知识！莫闻吾说空便即著空。第一莫著空，若空心静坐，即著无记空。

善知识！世界虚空，能含万物色像。日月星宿、山河大地、泉源溪涧、草木丛林、恶人善人、恶法善法、天堂地狱、一切大海、须弥诸山，总在空中。世人性空，亦复如是。

善知识！自性能含万法是大，万法在诸人性中。若见一切人恶之与善，尽皆不取不舍，亦不染著，心如虚空，名之为大，故曰摩诃。

善知识！迷人口说，智者心行。又有迷人，空心静坐，百无所思，自称为大。此一辈人不可与语，为邪见故。

善知识！心量广大，遍周法界。用即了了分明，应用便知一切。一切即一，一即一切，去来自由，心体无滞，即是般若。

善知识！一切般若智皆从自性而生，不从外入。莫错用意，名为真性自用，一真一切真。心量大事，不行小道。口莫终日说空，心中不修此行。恰似凡人自称国王，终不可得，非吾弟子。

善知识！何名般若？般若者，唐言智慧也。一切处所，一切时中，念念不愚，常行智慧，即是般若行。一念愚即般若绝，一念智即般若生。世人愚迷，不见般若。口说般若，心中常愚。常自言我修般若，念念说空，不识真空。般若无形相，智慧心即是。若作如是解，即名般若智。

在这一部分，六祖首先对摩诃般若进行解说，为大众开显觉悟本体的特征。

"善知识！世人终日口念般若，不识自性般若，犹如说食不饱。"善知识，世人虽然从早到晚在念着般若，念《般若经》，念《金刚经》，念《心经》，却有口无心，根本不了解般若到底是什么，不知道每个生命内在本来就具足般若智慧。就像在谈论各种美食，却一口也不真正吃下去，终归是不能解除饥饿的。

"口但说空，万劫不得见性，终无有益。"如果仅仅把"空"挂在嘴边，而不是去修行，去体证，即使说上千万劫，也不可能因此见性，是没有任何真实利益的。因为我们说的只是"般若"的概念，甚至只是"般若"这两个字的音声。般若的内涵是什么？需要用什么方法去体认？一无所知，甚至，从来没有想过去了解。这样的说"空"，其实就是说"空话"罢了。

"善知识！摩诃般若波罗蜜是梵语，此言大智慧，到彼岸。"梵语，印度的雅语，印度人认为这种语言秉承梵天所说，故称梵语。"摩诃般若波罗蜜"是梵语音译，翻译成汉语，"摩诃般若"为大智慧，即《坛经》反复提及的"菩提自性"。"波罗蜜"为到彼岸，是相对于生死此岸的涅槃彼岸。这种大智慧代表觉悟的力量，而到彼岸则是觉悟所产生的作用。凡夫的生命充满迷惑烦恼，为此岸。一旦开启内在的摩诃般若，就具备破除无明的能力，当下就是彼岸。

"此须心行，不在口念。口念心不行，如幻如化，如露如电。"到彼岸的关键，是体认生命内在的菩提自性，这就需要落实到心行，而不只是会念，会发出"摩诃般若"这几个音节。如果只是嘴上念念而已，不能进一步落实到心行，这种念就像幻影、化城、露珠和闪电一般，稍纵即逝，了无痕迹。

"口念心行，则心口相应。"如果在念诵的同时，将之转化为内在心行，开启般若智慧，解除迷惑烦恼，才是心口一致，念念相应。禅宗祖师经常批判教下学人为说食数宝、入海算沙，有人因此把修禅和学教对立起来。其实祖师所批评的，只是那种心口不相应的学习方式。那样的话，忙来忙去，终究还是书本上的，是经典中的，是祖师大德的，自己却一点都用不起来。所以，我们不仅要这么说，更要这么做。

"本性是佛，离性无别佛。"我们的本性是什么？就是生命内在本自具足、圆满无缺的佛性。离开这个觉悟本体，再也没有其他的佛了，因为十方三世一切诸佛都是由开启觉性而成佛。所以说，成佛的正因就在我们内心，无须到他方世界上下求索，寻寻觅觅。

"何名摩诃？摩诃是大。"下面开始详细解释摩诃般若。什么叫作摩诃？摩诃为梵语，意为广大、众多、殊胜，此处形容心量的广大。

"心量广大，犹如虚空，无有边畔。"六祖以虚空为喻，帮助我们认识心具有的特征。心是极其广大的，就像虚空那样，无边无际。我们知道，地球只是宇宙中一颗微不足道的星球。我们可以观想自己坐在地球上，上方是无尽的太空，下方是无尽的太空，前后左右还是无尽的太空。这样观想之后，再反观我们的心，会发现心也像太空一样，没有任何边际。所谓的边际，都来自人为设定，我们觉得这是中国的天，那是美国的天，那是南非的天。这些并不是天空的区别，而是我们的设定。心本身是无限的，可以容纳一切。

"亦无方圆大小，亦非青黄赤白，亦无上下长短，亦无嗔无喜，无是无非，无善无恶，无有头尾。"除了无边无际，心和虚空的另一个共同点是无形无相，没有方圆，没有大小，没有青黄赤白等种种色彩，没有上也没有下，没有长也没有短，没有嗔也没有喜，没有是非，没有善恶，没有头尾。为什么这么说？因为所有这些分别，只有在凡夫的妄念中才会出现，而在空性层面，是没有任何对立与差别的。修行，就是要撤除妄心造作的界限，回复心的本来面目，那就是无边无际、无形无相。

"诸佛刹土，尽同虚空。"刹土，刹是梵语音译，其意为土，这一翻译为梵汉双举。三世诸佛所成就的佛国净土，虽然在显现上美轮美奂，无比庄严，但它在本质上也是空的，就像虚空一样。

"世人妙性本空，无有一法可得。自性真空，亦复如是。"当我们做虚空观，将心安住于无限的所缘时，心所展现的就是一种无限的状态。在这个状态下，我们再来审视自己的心，会发现它从来都是无形无相，无一法可得的。菩提自性的真空也是同样。说到空，我们往往以为是什么都没有，那是顽空，不是《坛经》所说的真空。我们讲到"无一法可得"时，怎么知道"无一法可得"？就是因为内心还有一种了了分明的力量，绝非断灭空的空无所有。

"善知识！莫闻吾说空便即著空。"接着，六祖特别为大众澄清了一个问题：善知识，你们千万不要听到我说空，就一味地追求空，甚至执著于空。其结果，就会否定因果，成为一种断见，对修行有极大危害。

"第一莫著空，若空心静坐，即著无记空。"所以六祖告诫大众说：首先，不能执著于空。如果以一心求空的心态静坐，就会落入无记空的误区。空心静坐有两种情况，一是追求百无所思的境界，二是追求空空如也的境界。这都属于妄识造作的空，是和有对立的。六祖让我们认识的，是菩提自性所具备的特点，是本来清净而能出生万法的空，这才是我们要证得的真空，是和缘起显现不相冲突的。

"善知识！世界虚空，能含万物色像。日月星宿、山河大地、泉源溪涧、草木丛林、恶人善人、恶法善法、天堂地狱、一切大海、须弥诸山，总在空中。"此处，六祖还是以虚空为喻，对空作进一步的阐述：善知识，虚空虽然一无所有，但同时又能包含万物。不论日月星辰、山河大地，还是溪流泉水、草木丛林；不论恶人、善人，还是恶法、善法；也不论天堂、地狱，还是一切的五湖四海、须弥诸山，所有这一切都含藏于虚空之中。如果虚空是有界限的，就意味着有内外，有分别，就必然有什么被排除在外。正因为虚空没有界限，所以才能包罗万象，囊括一切。

"世人性空，亦复如是。"我们的菩提自性也具备这个特点，虽无一法可得，同时又含藏万物，能生万法，并非一无所有的空。

"善知识！自性能含万法是大，万法在诸人性中。"善知识，正因为菩提自性能含藏万法，所以称之为大。从另一个角度来说，一切法都没有离开菩提自性，都是菩提自性的妙用。

"若见一切人恶之与善，尽皆不取不舍，亦不染著，心如虚空，名之为大，故曰摩诃。"菩提自性虽能含藏万物，但又不被万物所染。就像镜子，照到美好的境界，不会高兴；照到丑恶的境界，也不会嗔恨。心在观照外境时同样应该如此，看到一切人或善或恶的表现，都能不贪著、不抗拒。就像虚空，既包容云彩，也包容风雨雷电，宇宙万有，所以称之为大，也就是"摩诃"。

"善知识！迷人口说，智者心行。"善知识，愚痴者只会把佛法挂在嘴上，说得再多也不去实践。而那些有智慧的人，则会将法义落实到心行，进而通过实修，使之转变为一种心理力量。说般若，就是要证得般若；说波罗蜜，也是要成就波罗蜜。

"又有迷人，空心静坐，百无所思，自称为大。此一辈人不可与语，为邪见故。"还有些愚痴迷妄的人，一味求空，以为什么都不想地枯坐着就是证得空性，就是最高的修行。这些人已落入增上慢，不是说些什么就能扭转的，因为他们对修行生起了邪见，是很难改变的。修空观，不是以什么都不想来压制妄想，而是通过如实观照平息并化解妄想。当观照具有一定力量时，可以在起心动念、行住坐卧的同时心无所住，这才是正道。仅仅追求什么都不想、什么都不做，这是一种偏空，已然走上邪路。

"善知识！心量广大，遍周法界。"善知识，心是广大无边的。可以说，法界有多大，虚空有多大，心量就有多大。

"用即了了分明，应用便知一切。"在这广大无限的心中又有一种力量，能够了了分明，就是遍知的力量。佛陀十大名号中，有一种叫作"正遍知"，也就是说，这种觉知是遍及一切、无所不知的。凡夫的认识是有指向性的，每个心念都有相应的所缘，或是想着赚钱，或是想着争权，或是想着家庭，或是想着事业。当他对这个所缘特别执著时，就会忽略周围的其他，这种知是狭隘的妄知。再比如，大家现在专心听我讲课时，你们的知就会锁定在我身上，锁定在我的语言上，越专注，对周围的反应就会越迟钝，就像一幅主体清晰而背景虚化的影像。如果不锁定某个对象，只是安住并保持觉知，一切都能平等地呈现在我们心中。可见，人本来具有遍知的功能。只是当心进入迷妄系统后，这个功能就被屏蔽了。如果放下执著，你会发现意识背后有一种遍知的功能，对周围的一切清清楚楚。这种清楚不是意识上的清楚，而是像镜子那样，照见但不粘著，映现但不停滞。当然，这还是最粗浅的遍知。一旦体认生命内在觉性之后，才是"横遍十方，竖穷三际"的遍知，也就是唯识宗所说的大圆镜智，山河大地、宇宙万有都能映现其中。这种功能是心本自具足的，只需体认即可，所以说"应用便知一切"。

"一切即一，一即一切。"宇宙中一切的一切，都没有离开菩提自性的这个"一"，是为"一切即一"。而这个"一"同时又能出生万法，含摄万法，是为"一即一切"。

"去来自由，心体无滞，即是般若。"什么叫去来自由？因为心体不是物质，是没有任何滞碍的。犹如明镜，可以朗照一切，但又没有任何粘著，物来影现，物去影灭。这种无滞碍和不粘著，正是般若智慧所具有的特点。因为不粘，就能独立自主，来去自由。既可以做什么，也可以不做什么。

"善知识！一切般若智皆从自性而生，不从外入。莫错用意，名为真性自用，一真一切真。"善知识，一切般若智慧都是从生命内在的菩提自性而生，并不是从外而来，不是重新安装的一个程序。你们不要搞错，不要向外乞求，而要向内找寻，这就叫作"真性自用"。唯有证得这个觉悟本体，所看到的一切才是诸法实相。反过来说，在我们现有的迷惑系统中，则是"一假一切假"。因为能认识的心是虚妄的，所见自然也是造作的、不实的。就像一个带着有色眼镜的人，目光所及，都是被有色眼镜处理过的影像，而非世界本来面目。

"心量大事，不行小道。"开发生命内在的觉悟本体，才是人生最为迫切的头等大事，是我们必须为之努力的。此外的一切，比如空心静坐之类，都不过是小道而已。

"口莫终日说空，心中不修此行。恰似凡人自称国王，终不可得，非吾弟子。"千万不要整天把空挂在嘴边，却不将之落实于心行，不按照这一法义去实践。那样的话，就像凡人自称国王，终归只是说说而已，不可能因此变成国王。那样做的人，决不是我认可的弟子。这是六祖对弟子的告诫，也是对一切后学的告诫。事实上，很多学佛者都有类似的问题。每天在说一些佛菩萨的境界，自己却不思改变。哪怕说上一辈子，还是标准的凡夫，最多是一个有着佛法包装的标准凡夫。这是我们必须引以为戒的。

"善知识！何名般若？般若者，唐言智慧也。"善知识，到底什么叫作般若呢？所谓般若，翻译成汉语就是智慧。接下来，正式对般若进行阐述。六祖不是从概念上解释智慧，而是直接告诉我们智慧是怎么回事，又该如何体认，如何成就。

"一切处所，一切时中，念念不愚，常行智慧，即是般若行。"在任何处所，任何时间，我们都要念念保持清明、无造作的觉知，避免在不知不觉中陷入妄念。保持觉知，就能时时安住于内在智慧，这就是般若行。觉知有两个层面，一是有造作的觉知，一是无造作的觉知。内观是从有造作的觉知起修，而禅宗是让我们直接体认无造作的觉知。

"一念愚即般若绝，一念智即般若生。"当这一念陷入不知觉中，般若之光就会熄灭，处于无明愚痴的凡夫状态。当这一念保持觉知，尤其是进入无造作的觉知，般若之光就能当下现前，当下产生作用。

"世人愚迷，不见般若。口说般若，心中常愚。常自言我修般若，念念说空，不识真空。"世人因为愚痴和迷妄，无法体认般若。虽然口中说着般若，内心却不能相应，依然处于无明之中。尽管常常自称在修般若，也总在谈空说有，谈玄说妙，其实根本没见到真正的空，不知道空究竟意味着什么，只是在迷惑状态说一些"觉悟"的话。这样的说，除了能满足一下内心对空的向往，是没有任何真实力用的。或许有人觉得，说总比不说好。但要知道，如果说得太多而没有受用，往往会使人失去感觉，甚至以此为足，觉得自己已经懂得空是怎么回事，反而比一般人更难与修行相契。

"般若无形相，智慧心即是。若作如是解，即名般若智。"般若是无形无相的，只要保持这份觉知的心，尤其是无造作的觉知，当下即可体认。如果具备这样的见地，就是般若智慧。

以上，六祖通过对般若的阐述，为我们开显了觉悟本体的特征。同时特别强调，般若需要用心体证，而不是谈玄说妙的素材，不是用来挂在嘴边的。

# 二、释波罗蜜——此岸与彼岸

何名波罗蜜？此是西国语，唐言到彼岸，解义离生灭。著境生灭起，如水有波浪，即名为此岸。离境无生灭，如水常通流，即名为彼岸，故号波罗蜜。

善知识！迷人口念，当念之时，有妄有非。念念若行，是名真性。悟此法者，是般若法；修此行者，是般若行。不修即凡，一念修行，自身等佛。

善知识！凡夫即佛，烦恼即菩提。前念迷即凡夫，后念悟即佛。前念著境即烦恼，后念离境即菩提。

善知识！摩诃般若波罗蜜，最尊最上最第一，无住无往亦无来，三世诸佛从中出。当用大智慧打破五蕴烦恼尘劳，如此修行，定成佛道，变三毒为戒定慧。

善知识！我此法门，从一般若生八万四千智慧。何以故？为世人有八万四千尘劳。若无尘劳，智慧常现，不离自性。悟此法者，即是无念。无忆无著，不起诳妄，用自真如性，以智慧观照，于一切法不取不舍，即是见性成佛道。

接着，说明此岸和彼岸的关系，以及怎样由此及彼的途径。

"何名波罗蜜？此是西国语，唐言到彼岸，解义离生灭。"什么叫波罗蜜呢？这也是梵语音译，翻译成汉语就是到彼岸。所谓彼岸，即超越轮回和生灭，证得不生不灭的涅槃。

"著境生灭起，如水有波浪，即名为此岸。"凡夫在生死轮回中，是有生有灭的。这个生灭是如何产生的？是因为妄心具有粘性。一旦接触外境，就会粘上去，产生贪著和渴求，希望占为己有。在追求过程中，贪著和渴求又会进一步强化，进入下一轮追逐。所以轮回的根源不在别处，就在于无明，在于贪著。就像水中的波浪，一浪接着一浪，不曾少息。这是凡夫所在的此岸。

"离境无生灭，如水常通流，即名为彼岸，故号波罗蜜。"一旦远离对境界的执著，妄想和烦恼将随之平息，制造轮回的躁动也随之平息，就无所谓生灭了。就像水，没有风的吹动，没有暗礁形成的漩涡，会进入一个平静的状态，缓缓流淌而波澜不起。那就是彼岸，就是涅槃，就是解脱，就称之为波罗蜜。

"善知识！迷人口念，当念之时，有妄有非。"善知识，凡夫虽然也会口中称念般若，但念的时候并没有体认空性，不是从真心流露出来，而是由迷妄系统产生的分别，所以在表达时就会有是非和对立。

"念念若行，是名真性。悟此法者，是般若法；修此行者，是般若行。"如果念念都能直接体认般若，才是真实不虚的觉性。证悟觉悟本体，就是般若法。依此修行，就是般若行。如果没有抓住这一根本，往往是忙于修行的各种外在形式，结果却不得要领，不得受用。

"不修即凡，一念修行，自身等佛。"如果不依此修行，即使终日口说般若，也是不折不扣的凡夫，因为你还没有走出妄心系统，没有走出轮回此岸。如果能在一念间体认般若智慧，在生命某个层面，就与三世诸佛相知相通了。当然，这个"等佛"不是绝对意义上的相同，而是和佛菩萨有了共同的根本。就像一棵幼苗和参天大树，虽然显现不同，但假以时日，幼苗也会成为大树。

"善知识！凡夫即佛，烦恼即菩提。"善知识，正是在这个意义上，凡夫就是佛，烦恼就是菩提。这是《坛经》中非常著名的一句话。那么，怎样理解这两个"即"呢？为什么凡夫和佛，烦恼和菩提，如此截然不同的两个极端之间可以划上等号？须知，凡夫同样具有佛性，在佛性层面，众生和佛是没有分别的，所谓"即心即佛"。这种承担是禅宗最为重要的见地，也是禅宗修行的基础所在。但大家不要以为这样就不必学、不必修了，那就永远只是凡夫而已。这个"凡夫即佛"，是从具有成佛潜质的意义而言，并不意味着我们现在就是佛。只有解除迷妄系统之后，才能开显佛性，进而广行六度，福慧双修，成为真正意义上的佛。"烦恼即菩提"也是同样的原理，烦恼是迷惑，菩提是觉悟，看似毫不相干，但烦恼的原始能量就来自菩提，它是菩提被无明扭曲后呈现的一种作用。就像哈哈镜中的影像，是扭曲变形的。无明就是这面哈哈镜，而烦恼就是菩提在哈哈镜中的显现。

当我们念念保持觉知，保持观照，就会知道，不论烦恼或是其他什么，在背后提供能量的是同一个，就是能生万法的自性。

"前念迷即凡夫，后念悟即佛。"在我们的观念中，凡夫和诸佛之间的差距，无异于天渊之别。但六祖告诉我们，这个距离不过是在迷与悟的一念之间。当我们陷入迷妄不觉的状态，看不清自己，看不清世界，那就是凡夫。一旦体认并安住于觉悟本体，当下就是佛。因为成佛不是修出一个什么，而是生命的彻底觉醒。我们所要证得的佛性是现成的，本自具足的，就像被污泥覆盖的明珠，一旦去除污垢，明珠就宛然显现，不假外求。

"前念著境即烦恼，后念离境即菩提。"当心进入迷妄系统时，就会粘著于外境，带来种种烦恼。很多时候，我们想让自己放下执著，其实是做不到的。因为执著就是心灵的沼泽，有着强大的吸附力，让深陷其中的我们无力自拔。这就需要通过闻思，减少对境界的执著，让自己在这个沼泽中不再陷得那么深，粘得那么紧。但真要离境，必须依靠般若慧的力量。只有透过沼泽，直接看到背后那个如如不动的觉悟本体，才具备离境的能力。

"善知识！摩诃般若波罗蜜，最尊最上最第一。"这是赞叹般若智慧的殊胜。善知识，摩诃般若波罗蜜是世间最为尊贵、至高无上的，不会被其他任何东西所超越。正如《心经》所言："故知摩诃般若波罗蜜多是大神咒，是大明咒，是无上咒，是无等等咒，能除一切苦，真实不虚。"

"无住无往亦无来，三世诸佛从中出。"般若智慧具有无住的特点。因为无住，就没有执著，没有挂碍，所以无往无来，不生不灭。

过去、现在、未来三世诸佛都是因为体认般若，成就般若，才能最终圆满佛果。这就是《心经》所说的"三世诸佛依般若波罗蜜多故，得阿耨多罗三藐三菩提"。《大智度论》也有一首称扬般若的偈颂："佛为众生父，般若能生佛，是则为一切，众生之祖母。"诸佛是众生的慈父，这个慈父是由体认般若而成佛，所以说，般若就是诸佛之母，众生之祖母。

"当用大智慧打破五蕴烦恼尘劳，如此修行，定成佛道，变三毒为戒定慧。"所以我们一定要开启并体认般若智慧，以此消除生命内在的烦恼尘劳。这样修行的话，必能使我们快速成就佛道，将贪嗔痴三毒转化为戒定慧。因为贪嗔痴的原始能量也来自觉悟本体，当我们安住于觉性，贪嗔痴的能量就会被回收。事实上，修行也可以理解为一个能量回收的过程。通过禅修，将负面能量转化为正念的能量，转化为戒定慧的能量。

"善知识！我此法门，从一般若生八万四千智慧。何以故？为世人有八万四千尘劳。"六祖告诉我们：善知识，我所说的顿悟法门，是由体认觉悟本体，开发出八万四千智慧。为什么会有这么多呢？因为世人有八万四千种尘劳，有八万四千种根机，所以佛陀就开演八万四千法门，应机设教，广度群迷。但不论有多少法门，有多少方便，根本都在于般若，所谓万变不离其宗。

"若无尘劳，智慧常现，不离自性。"当内心没有尘劳遮蔽，没有烦恼干扰时，智慧自然时时显现，内心也能念念安住于觉悟本体。就像虚空，当乌云散去，就能显现湛然澄澈的本来面目。

"悟此法者，即是无念。"体认到这个觉悟本体，就是无念。当我们说到无念时，往往会理解为"没有念头"或"什么都不想"，其实这是顽空，是断见，不是《坛经》所说的无念。所谓无念，指觉悟本体以遍知而非念头的方式出现，所以不妨碍起心动念。在无念的当下同样可以念，也可以念而无念。

"无忆无著，不起诳妄。"在无念的境界中，不会追忆往昔，也不会攀缘未来，自然具备不粘著的功能，不起颠倒妄想。就像明镜那样，映现一切而无住，朗照万物而无滞，这才是真正的"应无所住而生其心"。无所住，即无念的状态；而生其心，即不妨碍起心动念。

"用自真如性，以智慧观照，于一切法不取不舍，即是见性成佛道。"若能开显觉悟本体，时时保持觉知，保持智慧观照，对一切法不取不舍，没有贪著也没有排斥，没有喜爱也没有嗔恨，就能见性成佛。这里所说的智慧观照，特指无造作的觉知。当然，开始可以从有造作的觉知着手。训练到一定程度，就有能力安住于无造作的觉知。

# 三、顿悟法门的摄机

善知识！若欲入甚深法界及般若三昧者，须修般若行，持诵《金刚般若经》，即得见性。当知此经功德无量无边，经中分明赞叹，莫能具说。此法门是最上乘，为大智人说，为上根人说。小根小智人闻，心生不信。

何以故？譬如大龙下雨于阎浮提，城邑聚落悉皆漂流，如漂枣叶。

若雨大海，不增不减。若大乘人，若最上乘人，闻说《金刚经》，心开悟解，故知本性自有般若之智，自用智慧，常观照故，不假文字。譬如雨水不从天有，元是龙能兴致，令一切众生，一切草木，有情无情，悉皆蒙润，百川众流，却入大海，合为一体。众生本性般若之智，亦复如是。

善知识！小根之人闻此顿教，犹如草木。根性小者，若被大雨，悉皆自倒，不能增长。小根之人亦复如是。元有般若之智，与大智人更无差别，因何闻法不自开悟？缘邪见障重，烦恼根深。犹如大云覆盖于日，不得风吹，日光不现。般若之智亦无大小，为一切众生自心迷悟不同。迷心外见，修行觅佛，未悟自性，即是小根。若开悟顿教，不执外修，但于自心常起正见，烦恼尘劳常不能染，即是见性。

既然顿悟法门起点高超，方法直接，对于学人必是有要求的。那么，这一法门摄受什么样的根机呢？

"善知识！若欲入甚深法界及般若三昧者，须修般若行。"甚深，不是以思惟可以认识的。法界，万法生起的源头，代表法的最高真实，是圣贤而非凡夫的境界。六祖告诫大众：善知识，如果想要契入甚深法界，直接体认般若智慧，通达空性，就要按般若经典阐述的法门修行。

"持诵《金刚般若经》，即得见性。"受持读诵《金刚般若波罗蜜经》，就能使我们见到菩提自性，见到觉悟本体。当然，这个持诵决不是简单地念一念，而是对般若法门的身体力行。因为持包含实践，首先是对般若法门百分之百地信受，其次是将这种接受落实于心行。前面说过，同样修般若法门，中观和禅宗有着不同的立足点。中观法门是立足于空，通过对空的认知破除我法二执，开显般若智慧。而禅宗是让学人直接体认般若的特征和妙用。正如《般若品》所说的那样，摩诃般若具有空和朗照无住的特征，同时又能含藏万法、出生万法。这是禅宗和教下契入般若的不同所在，从某方面来说，也的确有高下之别。

"当知此经功德无量无边，经中分明赞叹，莫能具说。"这是六祖对《金刚经》的赞叹：要知道，这部经的功德实在是无量无边。在《金刚经》中，佛陀曾以七次校量，反复赞叹受持《金刚经》的功德利益，此处不再一一阐述。

"此法门是最上乘，为大智人说，为上根人说。小根小智人闻，心生不信。"因为这个法门是至高无上的教法，所以佛陀只为具有大智慧的学人而说，为上根利智者而说。那些钝根或缺乏智慧的学人听闻后，反而不能生信，因为这些见地已超出他们所能理解的范畴。这也是佛陀在《金刚经》所说的"如来为大乘者说，如来为最上乘者说"，对般若法门摄受的对象作了明确定位。什么才是上根利智？就是内心的尘垢很薄，能见度很高，才可能在善知识的直指下豁然开朗。这样的现象不仅禅宗有之，佛经中也屡见记载。佛陀在世时，不少弟子在佛陀的开示下，当下得法眼净，证解脱果。或许有人会因此感到沮丧，觉得自己障深慧浅，见道无望。其实不必担心，因为根机也是缘起法，只要努力修行，精进不退，钝根也能转变为利根。

"何以故？譬如大龙下雨于阎浮提，城邑聚落悉皆漂流，如漂枣叶。若雨大海，不增不减。"阎浮提，即我们现在所居的娑婆世界。

六祖接着以一个比喻，阐明只对上根者说般若法的理由。就像天龙降暴雨到阎浮提，许多城市和村庄都被大水冲走，如同枣叶漂浮水中。而落到大海的话，即使再大的雨，海水依然不增不减。上根者就像大海，可以容受大雨，海纳百川。而对劣根者来说，却无力承受这暴雨般猛烈的无上大法。不但得不到利益，反而会被击垮。

"若大乘人，若最上乘人，闻说《金刚经》，心开悟解。"如果是大乘根机者，最上乘根机者，听闻《金刚经》开显的无上妙法后，内心立刻就能随之打开，对觉悟本体有所体认，乃至完全证悟。就像六祖那样，听闻《金刚经》的当下即能悟入，及至五祖为其演说，更是彻见本心，这就是上等根机的表现。

"故知本性自有般若之智，自用智慧，常观照故，不假文字。"为什么上根者一听之下即能悟入？由此可知，生命内在本来就具有般若智慧，只要开显自家宝藏，时时保持观照，就是最直接的修行，不需要按部就班地通过文字来理解法义。

"譬如雨水不从天有，元是龙能兴致，令一切众生，一切草木，有情无情，悉皆蒙润，百川众流，却入大海，合为一体。"龙能兴致，按中国传统观念，龙能兴雨，所以雨水来自大海又回归大海。六祖又说了一个比喻：就像雨水虽是从天而降，但源头并非来自天上，而是由龙王将海水化作雨水，令一切众生、一切草木，乃至世间的有情、无情都受到滋润。最后，由雨水积聚的百川众流，又统统回归大海，与海水合为一体。

"众生本性般若之智，亦复如是。"众生本自具足的般若智慧也是这样。一切法从哪里来？正是从般若智慧流出。通过对法的修学，又能进一步体认般若智慧。这个过程，就像雨来自大海，又回归大海。

"善知识！小根之人闻此顿教，犹如草木。根性小者，若被大雨，悉皆自倒，不能增长。小根之人亦复如是。"小根，与上根利智相对的钝根者。他们闻法后有什么反应呢？善知识，那些没有能力接受大法的钝根者，听闻这一直指人心的顿教法门之后，就像羸弱的草木，遭受暴雨后纷纷倒下，无法继续生长。钝根者也是这样，因为心胸狭窄，无法承受如此直接、迅猛的顿教法门。

"元有般若之智，与大智人更无差别，因何闻法不自开悟？"其实，无论钝根还是利根，本身的般若智慧并无差别，都具备成佛潜力，那为什么钝根听闻顿教法门后无法自己开悟？其实，不仅钝根具有般若之智，一切众生都具有般若之智，所谓"心佛众生三无差别"。但实际情况是，很多人闻法后非但不能开悟，而且一点感觉都没有，甚至还有人会拒绝接受，这是什么原因呢？

"缘邪见障重，烦恼根深。犹如大云覆盖于日，不得风吹，日光不现。"这是因为在他们身上，邪见形成的障碍非常深重。就像乌云遮蔽太阳，如果没有风吹开云层，阳光就无法显现。那么，邪见从何而来？正是源于无明。要命的是，我们还将这些错误观念执以为真理，由此阻碍般若智慧，产生无量烦恼，使我们深陷其中，不见天日。

"般若之智亦无大小，为一切众生自心迷悟不同。"虽然根机有大有小，但在本质上，生命内在的般若之智没有大小之分。不是说钝根者的智慧就小一些，利根者的智慧就大一点。之所以会有根机利钝之别，只是因为众生各自不同的迷悟所致。迷，是被无明障蔽的程度；悟，是对觉性体认的程度。或迷得深而悟得浅，或迷得浅而悟得深，从而形成千差万别的根机。

"迷心外见，修行觅佛，未悟自性，即是小根。"如果迷失本心，四处向外寻觅，以为可以在心外找到成佛途径，这是没有悟到内在的觉悟本体，属于钝根。修行本应"莫向外求"，但众生因为迷妄，总以为有什么外在方法可以修出一尊佛来，真是心外求法，去道甚远。

"若开悟顿教，不执外修，但于自心常起正见，烦恼尘劳常不能染，即是见性。"如果悟到顿教法门的精髓，了知生命内在本具佛性，不执著于外在的修行方式，内心时时保持正见，不被烦恼尘劳所染，就是见道，就能证得觉悟本体。这个正见不是通过闻思经教获得的概念性、知识性的正见，而是心行的正见，出世的正见。

以上，六祖讲述了般若法门摄受的根机。如果把法门比作交通工具的话，那么，越是快捷的交通工具，就越需要良好的性能和高超的驾驶技术。否则的话，这种快捷就会充满危险，而且越快越容易失控。所以，顿教法门特别为上根利智者所说，是小根者无力领受的。


# 四、即心是佛，自悟自救


善知识！内外不住，去来自由，能除执心，通达无碍，能修此行，与《般若经》本无差别。

善知识！一切修多罗及诸文字、大小二乘、十二部经皆因人置，因智慧性方能建立。若无世人，一切万法本自不有。故知万法本自人兴，一切经书因人说有，缘其人中有愚有智。愚为小人，智为大人。愚者问于智人，智者与愚人说法。愚人忽然悟解心开，即与智人无别。

善知识！不悟即佛是众生。一念悟时，众生是佛。故知万法尽在自心，何不从自心中，顿见真如本性？《菩萨戒经》云："我本元自性清净。若识自心见性，皆成佛道。"《净名经》云："即时豁然，还得本心。"

善知识！我于忍和尚处，一闻言下便悟，顿见真如本性。是以将此教法流行，令学道者顿悟菩提，各自观心，自见本性。

若自不悟，须觅大善知识，解最上乘法者，直示正路。是善知识有大因缘，所谓化导令得见性。一切善法，因善知识能发起故。三世诸佛，十二部经，在人性中本自具有。不能自悟，须求善知识指示方见。

若自悟者，不假外求。若一向执谓须他善知识，望得解脱者，无有是处。何以故？自心内有知识自悟。若起邪迷，妄念颠倒，外善知识虽有教授，救不可得。若起正真般若观照，一刹那间，妄念俱灭。若识自性，一悟即至佛地。


佛教与其他宗教的主要区别之一，在于提倡自力。这一点上，禅宗做得尤为彻底，让学人直接体认即心是佛，体认自心与佛的了无差别。可以说，扔开了一切的拐杖和支撑，是纯粹的自悟自救之道。

"善知识！内外不住，去来自由。"内外，内是指五蕴身心，外是指身心以外的世界。来去，包括当下的心念和行为，也包括无始以来的生死和轮回。善知识，修行不能住于五蕴身心，也不能住于身心以外的世界，这样才能来去自由。般若法门的修行，是通过对一切法无自性空的体认，获得"应无所住而生其心"的能力。如果有住，就有执著，有牵挂，有颠倒梦想。所以《心经》也告诉我们："无智亦无得，以无所得故，菩提萨埵依般若波罗蜜多故，远离颠倒梦想，究竟涅槃。"

"能除执心，通达无碍，能修此行，与《般若经》本无差别。"执心，包含我执和法执，即唯识宗所说的遍计所执。因为有了我法二执，就处处制造障碍，使我们一叶蔽目。唯有断除我法二执，才能见到真相。去除我执，就能认识生命真相；去除法执，就能认识世界真相，从而对身心内外的一切了达无碍。若能如此修行，就和《般若经》阐述的境界没什么差别了。

"善知识！一切修多罗及诸文字、大小二乘、十二部经皆因人置，因智慧性方能建立。"修多罗，泛指一切佛法典籍，或特指佛经的长行部分。十二部经，为佛经的十二种分类，包括长行、重颂、孤起、因缘、本事、本生、未曾有、譬喻、论议、无问自说、方广、授记。六祖告诉我们：善知识，一切经藏以及其中的文字，包括菩萨乘和声闻乘的教法，包括三藏十二部典籍，都是为了众生的需要而安立。因为众生有种种烦恼，所以佛陀才开设种种法门。但这些言教不是佛陀想出来的，而是依他体证的觉性所建立，是从佛陀的智慧海流出的。

"若无世人，一切万法本自不有。故知万法本自人兴。"如果没有这些不同根机的众生，一切法门都不会产生。所以说，万法都是为了度化不同众生而建立。佛陀说法不是他有话要说，完全是因为众生的需要，是因为怜悯众生，慈悲众生，是大悲心的自然流露，所谓"佛说一切法，为度一切心，我无一切心，何用一切法"。

"一切经书因人说有，缘其人中有愚有智。愚为小人，智为大人。

愚者问于智人，智者与愚人说法。愚人忽然悟解心开，即与智人无别。"一切经教都是佛陀为众生而演说，人有不同根机，或是愚痴，或是智慧。愚痴者即为小人，智慧者即为大人。但这种差别不是固定不变的，如果愚者愿意向智者请教，智者愿意为愚者说法，那么愚者也能因此扫除迷惑，开启智慧，就与智者等无差别了。所以，愚者和智者的差别也是在于迷悟之间。因为迷，所以就愚痴；因为悟，所以有智慧。可见，智者并不是代表某种固定身份，而是代表一种生命品质。当人们体认到生命内在的觉性，就能成为智者。

"善知识！不悟即佛是众生。一念悟时，众生是佛。"六祖告诉我们：众生和佛具有同样的觉悟本体。因为没有体认觉性，这个原初的佛就成了众生，并发展出天、人、阿修罗、地狱、饿鬼、畜生六道。一旦能够证悟，众生就与佛无二无别了。此处，六祖再一次强调了佛和众生的差别只在迷悟之间，这是《坛经》反复提及的重点。需要注意的是，所谓"佛是众生"，不是说成佛后还会退转为众生，而是说明，这个具足佛性、本来可以成就佛果的生命，只因没有悟道，就成了流转六道的众生。

"故知万法尽在自心，何不从自心中顿见真如本性？"顿见，直下顿见，非辗转思虑而得。由此可知，一切法的根源都没有离开我们的心，为什么不从自己内心顿见真如本性？

"《菩萨戒经》云：我本元自性清净。若识自心见性，皆成佛道。"《菩萨戒经》说：我们本来就具足清净无染的觉性，只要体认这个觉性，即能成就佛道。这正是六祖悟道时所说的"何期自性，本来清净"。修行不是要增加些什么，不是要修出一个什么，而是要反观自照，照见那个"本来无一物"的清净心，这才是具足一切的宝藏。既无一物，又能生万物。

"《净名经》云：即时豁然，还得本心。"《净名经》，即《维摩经》。《维摩经》说：心打开的时候，就能扫除迷惑，当下体认心的本来面目。成佛要到哪里去成？还是要从自心去成，此外别无他处。如果向外追求，恰是一种迷的表现。因为迷失自己，不知有宝藏在身，才会到处寻找支撑，寻找自我的存在感。

"善知识！我于忍和尚处，一闻言下便悟，顿见真如本性。"此处，六祖以自身修行经历说明顿教法门之快捷殊胜：善知识，当年我在五祖弘忍那里，听他讲说《金刚经》，在听闻当下就直接悟入，见到内在的觉悟本体。

"是以将此教法流行，令学道者顿悟菩提，各自观心，自见本性。"因为我自己从中得到莫大利益，所以发愿将得自五祖的顿教法门流布广大，让后来的修行者能以最快速度顿悟菩提，各自观照内心，体认那个人人具足、不曾生灭也不曾增减的觉性。

"若自不悟，须觅大善知识，解最上乘法者，直示正路。"如果自己没有能力证悟，就要寻找并依止一位大善知识。这不是普通的善知识，而是要真正的明眼人，对顿悟成佛的最上乘法有亲身体证和了解，无论在见地还是禅修上，都能为学人直接标明见性的正确道路。

"是善知识有大因缘，所谓化导令得见性。"这位善知识还要具足种种度化众生的方便，能让学人在其引导下直接见性。这种方便就是知道在什么时机、用什么方法能够一击而中，拨云见日。因为禅宗的引导不是采用常规路线，所以时机和方式都具有特殊性，是非常个人化的引导。同样的方法，在不同人身上未必适用；在同一个人的不同时期，也未必适用。只有具备见地和善巧的明眼人，才能将分寸把握得恰到好处。

"一切善法，因善知识能发起故。"我们通过修行开发觉性，生起种种善法，这一切都是因为善知识的引导才能成就。关于这一点，在下面的"机缘品"中就有很多生动的事例。

"三世诸佛，十二部经，在人性中本自具有。不能自悟，须求善知识指示方见。"三世诸佛在哪里成就？就在我们本自具足的觉悟本体。由开显觉悟本体，而成就佛果。三藏十二部典籍，同样是人性中本自具足的，是从这个觉性海洋中流出的。如果自己不能证悟，就要借助善知识的引导，借助外力的推动，方能开悟见道。

"若自悟者，不假外求。"如果自己有能力悟道，就不需要向外寻求。也就是说：修行固然离不开善知识的指引，但关键在于自身努力。因为修行所成就的，是我们内在的觉悟本体，善知识只是开启觉性的助缘，起到类似助产士的作用，前提是这个胎儿已经成熟。开悟也是同样，必须心行已臻成熟，能所都非常弱，只须善知识一拨之力，即能契入本心。如果他本身的迷惑固若金汤，善知识也是无能为力的。

"若一向执谓须他善知识，望得解脱者，无有是处。何以故？自心内有知识自悟。"如果你把所有希望寄托在善知识身上，一切都指望善知识搞定，指望善知识帮你解脱，自己不做任何努力，那是不可能的。为什么？因为修行在根本上要靠自己。我们内心有自觉、自悟的能力，所以自己才是解脱的关键所在。

"若起邪迷，妄念颠倒，外善知识虽有教授，救不可得。"如果我们生起邪见，迷失自悟自解的能力，陷入妄念颠倒，即使善知识给予种种指导，也是救不了我们的。

"若起正真般若观照，一刹那间，妄念俱灭。若识自性，一悟即至佛地。"一旦开启真正的般若智慧，生起无造作的观照力，在一刹那间，所有迷惑就会烟消云散，进入无云晴空的状态。当我们体认菩提自性，由这种悟入，就能直接抵达佛地，因为这个所悟和诸佛所证在本质上是相同的。但要成就佛果，还须圆满福慧资粮。这里所说的"正真般若观照"，即实相般若，也是《心经》所说的"行深般若波罗蜜多时，照见五蕴皆空，度一切苦厄"。

生命本具自觉、自悟、自救的能力，这是解脱的根本所在。在修行过程中，固然离不开善知识指引，但更离不开自身努力。就像开车，如果说善知识的作用相当于方向盘，那么自身努力就相当于发动机。若它不曾启动，善知识也是无能为力的。

# 五、般若法门的殊胜

善知识！智慧观照，内外明彻，识自本心。若识本心，即本解脱。若得解脱，即是般若三昧，即是无念。何名无念？若见一切法，心不染著，是为无念。用即遍一切处，亦不著一切处。但净本心，使六识出六门，于六尘中无染无杂，来去自由，通用无滞，即是般若三昧，自在解脱，名无念行。若百物不思，当令念绝，即是法缚，即名边见。

善知识！悟无念法者，万法尽通。悟无念法者，见诸佛境界。悟无念法者，至佛地位。

善知识！后代得吾法者，将此顿教法门，于同见同行发愿受持，如事佛故，终身而不退者，定入圣位。然须传授，从上以来，默传分付，不得匿其正法。若不同见同行，在别法中不得传付，损彼前人，究竟无益。恐愚人不解，谤此法门，百劫千生，断佛种性。

这一部分，六祖为大众介绍了般若法门的殊胜。

"善知识！智慧观照，内外明彻，识自本心。"善知识，内在的觉悟本体具有觉照力，朗照无住，明晰透彻。正是这种作用，使我们能看清五蕴身心和外在世界的真相，看清自己的本来面目，那就是空性，是法的真相。在通达诸法性空的同时，又能看到缘起的假相。我们现在的禅修，通常是在观照般若的层面，由意识造作的。而《坛经》所说的"智慧观照"，是般若本具的觉照力。这种力量是无造作的，当它生起时，本身就有一种明的力量，有一种明晰的观照力。

"若识本心，即本解脱。"认识到心的本来面目，就具备了解脱能力。我们现在以为的这个自我，并不是我们的本来面目，而是迷失觉悟本体后发展出的一个替代品。虽然这个自我是迷妄颠倒的，但它背后的觉悟本体却具有解脱能力。我们所要做的，就是开显它，启动它。

"若得解脱，即是般若三昧，即是无念。"获得这种解脱能力，就证得了般若三昧。三昧为正受，是体认并安住于觉悟本体时产生的正受。般若三昧的特征就是无念，也就是说，它不是以念头的方式出现，而是一种超越念头的遍知。或者说，是在念头背后，但又不妨起心动念的那个东西，所谓念而无念。这也是《坛经》的三大要领之一，即"无念为宗，无相为体，无住为本"。

"何名无念？若见一切法，心不染著，是为无念。"什么叫无念？如果见到一切法的时候，内心没有任何染著，没有爱嗔，没有取舍。这个不染著的心，就是无念的作用。只有无念的心体，才能朗照一切而心无所住。我们反观一下现在的念头，都是些什么呢？喜欢，是染著；讨厌，是染著；贪爱，是染著；排斥，还是染著。总之，念念住相，念念染著。

"用即遍一切处，亦不著一切处。"当无念的心体产生作用时，是遍一切处而又不著一切处的。就像镜子，可以映现一切但不染著。当心比较空，清清明明而又不专注于一点时，一切就会在我们心中历历分明，只有影像，没有进一步的分别和粘著。反之，念头越强，就越容易陷入其中，忽略除此以外的一切。如同相机在使用大光圈并对焦于某一点时，周围的其他影像就虚化了。

"但净本心，使六识出六门，于六尘中无染无杂。来去自由，通用无滞，即是般若三昧。"六识，眼、耳、鼻、舌、身、意六识。六门，眼、耳、鼻、舌、身、意六根。六尘，色、声、香、味、触、法六尘。怎样修无念行？就要安住于空性。虽然六根接触六尘，产生六识，但不会受到六尘的染污。照样可以起心动念，说话行动，却不被安念干扰，亦不被情绪带动。因为它是觉悟本体产生的作用，所以来去自由，没有任何障碍，这就是般若三昧。

"自在解脱，名无念行。若百物不思，当令念绝，即是法缚，即名边见。"般若三昧具有无住而不染著的特点，本身就能自在解脱，不会陷入迷惑烦恼，故称之为无念的修行。讲到无念，我们往往以为是什么都不去想，什么念头都要断绝，这其实是意识层面的执著。如果被这种执著束缚，就是法执、就是边见，而不是中道。真正的无念是超越意识的，是觉悟本体的作用，所以是活泼的，有体有用。六祖开悟时，在认识到"何期自性，本来清净"的同时，也认识到"何期自性，能生万法"。觉悟本体是无形无相的，不在内也不在外，却能生起万法。虽然生起，又心无所住，不染著于万法。

"善知识！悟无念法者，万法尽通。"无念法究竟有多么殊胜？六祖告诉我们：善知识，如果你真正通达无念，也就通达了一切法。因为无念是般若慧的根本，也是万法生起的源头。由此可以通达一切法的真相，那就是空性；同时还能通达一切法的缘起，那就是宇宙万有的显现。所以无念是空有不二，体用兼备的。

"悟无念法者，见诸佛境界。悟无念法者，至佛地位。"体悟到无念法，就能亲证三世诸佛的境界。诸佛为什么能成就佛果？他们和众生的差别何在？其实就在于迷悟之间。迷失觉悟本体，就是众生；体认般若智慧，就是佛。所以说，一旦悟到无念法，也就悟到诸佛的共同处，在生命某个层面已与诸佛无别，就能最终成就佛果。

"善知识！后代得吾法者，将此顿教法门，于同见同行发愿受持，如事佛故，终身而不退者，定入圣位。"六祖在本品长行部分即将结束时，对顿教法门的流传作了特别交代：善知识，以后有得到我的心法传承者，应该将顿教法门传播到具备同等根机的学人中。如果能对这一法门发愿受持，努力修行，就像恭敬佛陀那样，终其一生而不退转，最后必能证圣果，入圣位。

"然须传授，从上以来，默传分付，不得匿其正法。"这个法门需要传承，需要教授，需要自上而下地一代代托付下去，不能令正法隐匿不现、就此中断。我们看《灯录》中，那些祖师大德在得法之后，有责任找个弟子把法传下去，以保证这一法脉的相续。默传分付，是禅宗顿教一脉的传承特色。因为顿教对老师和学人的要求极高，前者必须是明眼宗师，后者必须是上根利智，所以不可能是一种大众化教育，更不可能批量生产。往往是在师徒间一对一地往下传，禅宗称为"私通车马"，这样才能有针对性。当然，这个一对一不是指老师只能传一个弟子，而是在引导悟入的瞬间，通常是个体而非集体行为。

"若不同见同行，在别法中不得传付，损彼前人，究竟无益。"别法，指非禅宗顿教一脉。如果没有遇到同等见地或根机的学人，对那些适合修其他法门的，就不可为之传法。为什么？这不是因为吝法，而是他们没有能力修上去，没有能力继承这一法门的精髓，只会歪曲祖师的教法，对禅宗的法脉传承没有任何利益，对他们的个人修学也没有实际帮助。

"恐愚人不解，谤此法门，百劫千生，断佛种性。"在别法中不得传付的另一个原因，是担心有些根机驽钝者对顿教法门不理解，听闻后无法相信，觉得教下修行要三大阿僧祇劫，哪有"直指人心"

这么容易的事。结果诋毁这一法门，造下谤法口业，就会断绝成佛种性，长达百劫千生。禅宗有个祖师叫德山，饱读经书，尤其通达《金刚经》。听说南方有个"直指人心，见性成佛"的顿教法门，就挑着他撰写的《金刚经疏钞》南来，准备对顿教狠狠批判一番，结果却被收编了。像这样的情况，属于根机够而不了解，只须让他了解即可。至于那些缺乏根机者，就很难转变了，所以不传反而是祖师的慈悲，是对他们的保护。

# 六、无相颂

善知识！吾有一无相颂，各须诵取，在家出家，但依此修。若不自修，惟记吾言，亦无有益。听吾颂曰：

"说通及心通，如日处虚空。唯传见性法，出世破邪宗。

法即无顿渐，迷悟有迟疾。只此见性门，愚人不可悉。

说即虽万般，合理还归一。烦恼暗宅中，常须生慧日。

邪来烦恼至，正来烦恼除。邪正俱不用，清净至无余。

菩提本自性，起心即是妄。净心在妄中，但正无三障。

世人若修道，一切尽不妨。常自见己过，与道即相当。

色类自有道，各不相妨恼。离道别觅道，终身不见道。

波波度一生，到头还自懊。欲得见真道，行正即是道。

自若无道心，暗行不见道。若真修道人，不见世间过。

若见他人非，自非却是左。他非我不非，我非自有过。

但自却非心，打除烦恼破。憎爱不关心，长伸两脚卧。

欲拟化他人，自须有方便。勿令彼有疑，即是自性现。

佛法在世间，不离世间觉。离世觅菩提，恰如求兔角。

正见名出世，邪见是世间。邪正尽打却，菩提性宛然。

此颂是顿教，亦名大法船。迷闻经累劫，悟则刹那间。"

师复曰："今于大梵寺说此顿教，普愿法界众生言下见性成佛。"

时韦使君与官僚道俗闻师所说，无不省悟。一时作礼，皆叹："善哉！何期岭南有佛出世！"

《般若品》中，六祖为我们开示顿教法门的见地及殊胜后，再以"无相颂"进行总结。这种先长行后偈颂的体裁，与不少大乘经典类似。所谓无相，即空性的特征，觉悟本体的特征。这首偈颂体现了顿教法门的修行特点。

"善知识！吾有一无相颂，各须诵取，在家出家，但依此修。"六祖说：善知识，我有一个"无相颂"，你们应该时时读诵并牢记在心。不论在家还是出家，只须按照这一偈颂修行。

"若不自修，惟记吾言，亦无有益。"如果不按偈颂所言身体力行地修习，仅仅记住我说的话，或停留在表面上的理解，是没有多少利益的。这对今天的学人也很有教育意义。我们虽然学了很多教理，但多半是停留在书本上，未能将之落实于心行。虽然知道的不少，但在心相续上产生作用的却不多。就像拿到药方却不服药一样，是不能从中得益的。

"听吾颂曰：说通及心通，如日处虚空。"说通，义理上的通达。心通，心行上的体证。你们且听我的"无相颂"怎么说：对于修学而言，义理的通达和心行的体证都很重要，不可或缺。因为通达义理是基础，但仅仅停留于此，不能把经教转变成自身观念，那是画饼充饥，说食数宝，没有真实力用。所以还要进一步落实到心行，以此开启菩提自性，才有能力自觉觉他，驱除无明烦恼，利益无量众生。就像太阳处在虚空那样，消除黑暗，照亮世间。

"唯传见性法，出世破邪宗。"顿教法门传授的，是如何以最直接的手段明心见性。这个法门出现于世，就是为了破除凡夫现有的迷妄认识，以及外道执著的常见或断见，那些都属于邪知邪见。

"法即无顿渐，迷悟有迟疾。"这里所说的"法"，不是法门，而是"法尔如是"的法，是修行所要证得的菩提自性。这个菩提自性没有顿渐之分，但因为众生迷悟程度不同，所以对法的体认有快有慢。迷得深，就悟得慢；迷得浅，就悟得快。因为每个法门都是佛陀应众生根机所施设，所以就有顿和渐的差别。对利根者，毕竟直指来得痛快；对钝根者，还是渐入更为稳当。

"只此见性门，愚人不可悉。"但是，顿教所传的"直指人心，见性成佛"的法门，对于那些深陷于迷惑烦恼的凡夫来说，是无法了知的，因为这已超出他们现有的认识能力。

"说即虽万般，合理还归一。"佛法虽有八万四千法门，但最终目的只有一个，就是引导我们见性。这也是《法华经》所说的："诸佛世尊唯以一大事因缘故出现于世……欲令众生开佛知见，使得清净故，出现于世；欲示众生佛之知见故，出现于世；欲令众生悟佛知见故，出现于世；欲令众生入佛知见道故，出现于世。"佛的知见是什么？就是明心见性。但因为众生根机不同，所以佛陀乃至历代祖师才会施设无量方便。不管道路的起点在哪里，终点是共同的、唯一的。

"烦恼暗宅中，常须生慧日。"因为无明，使众生处于迷妄和黑暗中，看不清自己，也看不清生命发展的方向。但这个烦恼暗宅中还有慧日，也就是觉悟本体，这是生命的希望所在，也是解脱的希望所在。其实，慧日时时都在我们心中乃至六根门头放光。就像太阳始终悬挂天际，不论阴晴雨雪，也不论白天黑夜，一刻不曾离开。我们能否见到阳光，并不是太阳的问题，而是云层的问题，是观察角度的问题。修行所要做的，就是摧毁烦恼暗宅，拨开遮蔽阳光的乌云。

"邪来烦恼至，正来烦恼除。"众生都活在邪知邪见中，因为这些错误认识，就会引发无量烦恼。一旦拨乱反正，确立正见，烦恼就无法立足，无处生根了。在宗门，这个邪正就是迷与悟的一念间；在教下，则是由闻思建立苦、空、无常、无我的正见，进而通过禅修将此转化为对治烦恼的心行正见。

"邪正俱不用，清净至无余。"在修行之初，我们必须建立正见，去除邪见。但若始终停留于对邪正的执著，是无法证得空性的。唯有超越二元对立的概念，才能照见本来清净、不生不灭的觉性，证得无余涅槃。

"菩提本自性，起心即是妄。"菩提就是觉悟，这种觉悟的力量在哪里？就在这颗心的当下。禅宗祖师的接引手段，正是让我们体认当下的菩提自性。一旦生起分别，就会进入妄心系统。禅宗三祖僧璨有《信心铭》传世，开篇为："至道无难，惟嫌拣择。但莫憎爱，洞然明白。"至道就是最高真理，要认识菩提自性并不难，因为它是现成的，本自具足的，只是因为起心造作，取舍分别，所以才背离觉性。只要没有憎爱、好恶、是非之心，在不假思索的当下，即能体认。

"净心在妄中，但正无三障。"凡夫的生命虽然进入迷妄系统，但并未失去觉悟本体。它一直就在妄心中，不是要离开妄心另外寻找一个净心，事实上也无法离开。如何从当下的妄心去体认净心？只要保持正念。当内在的出世正见生起时，就能解除轮回系统产生的三种障碍，即烦恼障、业障和报障。烦恼障，是贪嗔痴三毒带来的烦恼；业障，是五逆十恶带来的障碍；报障，是地狱、饿鬼、畜生的苦报。

"世人若修道，一切尽不妨。"说到修道，我们常常会想到一些特定的宗教仪式，觉得打坐才是修行，念佛才是修行，诵经才是修行。而以《坛经》的见地来看，修行无处不在，无事不可，把修行方式发挥得非常透彻。搬柴运水可以修行，穿衣吃饭可以修行，待人接物也可以修行。因为修行最重要的不是外在形式，而是见地和用心。只要具备正见，尤其是禅宗所说的见地，并带着这种见地去用心、去生活，的确是"一切尽不妨"，因为你时时处处都在与法相应。否则的话，虽然每天在诵经念佛，过着宗教化的生活，甚至在弘法布教，也未必是修行。因为你所做的这些，可能是以凡夫心在做，也可能在做的过程中逐渐被凡夫心利用，那么最终成就的只会是凡夫心。

"常自见己过，与道即相当。"修行，简单地说，就是修正自己的行为，时时看到自己的不足和过失，进而修正这些错误。说到过失，存在一个标准问题。从人天善法来看，这个过失就是十不善业。而从《坛经》的标准来看，凡是在不觉状态下的念头和行为都属于过失。也就是说，我们要时时保持觉知，不要让心陷入不觉和不善的相续中。只有这样，才能和修道相应，和空性相应。

"色类自有道，各不相妨恼。"色类，物质现象。此处所说的道就是空性，是无所不在的，和身心世界的一切现象不相妨碍。因为它是一切法的本质，是一切法的真相。既为本质，自然没有离开任何现象，所以庄子说："道在蝼蚁，道在瓦砾，道在屎溺。"《解深密经》讲到胜义谛有四个特征，其中之一，就是遍一切一味相。禅宗祖师也说："青青翠竹尽是法身，郁郁黄花无非般若。"在禅宗祖师的悟道因缘中，有的看到梅花悟道，有的听到小曲悟道，有的听到流水悟道，随时随地，不拘一格。为什么？就是因为道遍一切处，可以在任何一个现象中去体会道，乃至最终证道。

"离道别觅道，终身不见道。"如果想离开这些现象去另外寻找一个道，觉得道必须通过什么特定方式来呈现，不懂得在生活中随时体认、在每个现象的当下随时体认，那么，终其一生都不可能见道。

"波波度一生，到头还自懊。"这样的人，徒然地忙来忙去，奔波一生，到头只会落得一场懊悔。学佛者中，这种情况可谓屡见不鲜。一会儿热衷于朝圣，一会儿热衷于诵经，一会儿热衷于念佛，总在向外寻求，以为做点什么才是修行。最后才发现做的都是表面功夫，不明心地，习气毛病还是依旧，苦苦恼恼，却不知问题出在哪里。

"欲得见真道，行正即是道。"我们想要见到菩提自性，必须具备正见和方法。虽然道无所不在，但对道的体认要有相应手段。我们每天都在穿衣吃饭，在遭遇这样那样的考验，为什么见不到道？因为见道需要具备相应的能力和手段。否则的话，即使道遍一切时、道遍一切处，我们也是视而不见的。不是它不存在，而是你没有能力看到。

"自若无道心，暗行不见道。若真修道人，不见世间过。"如果自己没有见道，没有体认觉性，那么修行必然是盲目的，就像走在暗夜中，根本看不见道路，看不见前行的方向。作为一个真正的修行者，他关心的只是见道这件大事，而不会去看世间的长短过失。

"若见他人非，自非却是左。他非我不非，我非自有过。"如果总看到他人的是非曲直，也就意味着，你的心已陷入是非之中。因为自己内心有是非，才会在意别人的是与非。一个安住于觉性的修行者，所见一切都是平等的，是知分别而离分别的。所以，我们首先要学会审察自己，而不是把矛头对向别人。不论别人做得怎样，是否有过错，自己都要安住正念，如法修行。如果执著于他人的是非，自己就会产生过失，就要承担由此而来的后果。

"但自却非心，打除烦恼破。憎爱不关心，长伸两脚卧。"只要我们放下是非之心，就能从根本解除人我是非带来的烦恼，从而与道相应。即使别人有什么过失，自己也不会随境而转。修行的关键是向内观照，是解决自己的妄想和不如法行为。当我们不再陷入嗔恨和爱恋，不再陷入喜怒哀乐，而是安住于觉悟本体，身心就了无牵挂，自由自在了，此为自利。

"欲拟化他人，自须有方便。勿令彼有疑，即是自性现。"但想教化他人，还要有相应手段，知道对方是什么根机，修行达到什么程度，此时更须加一味什么样的药，才能药到病除。每个人的根机和状况不同，接引方式也得与此对应，无法完全复制、批量应用。所以要有足够的方便善巧，才能给予适合此时、此地、此人的引导。禅宗的修行目标就是见性。这种引导必须能让对方直接体认菩提自性，对顿教法门不再有任何怀疑，对众生本具足与诸佛同样的菩提自性也没有任何怀疑，才能说明他的觉性已然开显。

"佛法在世间，不离世间觉。离世觅菩提，恰如求兔角。"这一偈颂也是佛弟子耳熟能详的。前面说过，我们要证得的真理没有离开一切现象，出世也没有离开世间。因为人本来就生活在世间，即使跑到深山老林，还是一个六尘世界。所以，不能离开世间去寻找觉悟。那样就像在兔子身上找角一样，了不可得。修行的正道，是在世间的当下体认世间，在烦恼的当下体认菩提，在生死的当下体认涅槃。

"正见名出世，邪见是世间。邪正尽打却，菩提性宛然。"当正见生起，我们才有超越世间、心无所住的能力。而当邪见生起，我们就会不断地制造执著，制造烦恼。所以，修行要以正见对治邪见，但若总是执著于这种邪和正，还是在二元对立中。唯有超越邪正的对立，才能证得"本来无一物"的菩提自性。

"此颂是顿教，亦名大法船。迷闻经累劫，悟则刹那间。"这首偈颂阐明的顿教法门，也叫作大法船。《金刚经》云："我说法如筏喻者。"筏就是船，佛陀将自己所说的法比喻为法船，这是一艘将众生共同度向彼岸的法船，所以名之为大。如果在迷妄的系统闻法和修行，可能要经过多生累劫的努力，才能转迷为悟。如果有缘听闻顿教法门，并有根机按此修行，开悟只是一刹那的事。

"师复曰：今于大梵寺说此顿教，普愿法界众生言下见性成佛。"
开示无相颂后，六祖接着勉励大众：今天在大梵寺演说顿教法门，希
望法界众生都能在听闻的当下见性成佛。

"时韦使君与官僚道俗闻师所说，无不省悟。一时作礼，皆叹：
善哉！何期岭南有佛出世！"当时，韦使君及在座的官僚、道俗等，
听闻六祖的开示之后，对这一无上心法都有所领悟，受益匪浅。大
家一齐顶礼六祖，感叹说：善哉！真没想到岭南这样的地方，还有
像佛一样的善知识出世。

《般若品》从禅宗的见地，直接开显般若智慧的特征，以及此岸
和彼岸的关系。由此，说明凡圣的分歧点只是在于迷悟之间，所谓"前
念迷即是众生，后念悟即是佛"，为众生修行提供了极大的信心。此外，
本品还指出顿教的教化对象，说明这一法门只接引上根利智，并非
人人都有能力接受。我们今天学习禅宗，既要认识其殊胜之处，也
要衡量自身根机。如果起点不够，就必须在基础上下功夫。或是通
过闻思修的常规路线，使尘垢逐渐松动，作为修习禅宗的台阶；或是
借鉴禅宗的长处，带着禅宗的见地来修一些其他法门，如"禅净双修"
等。如果没有自知之明，就可能像六祖担心的那样，"损彼前人，究
竟无益"。

# 【疑问品第三】

启动

内在智慧的

钥匙

在《疑问品》中，六祖主要解答了两个疑问，一是达摩见梁武帝时，关于功德的那段对答；二是如何看待念佛往生西方的问题。对此，六祖从禅宗顿教的角度，为我们作了精辟的开示。此外，还以"无相颂"说明在家居士应该如何修行，对今天的学人同样具有现实意义。

# 一、功德非福德

一日，韦刺史为师设大会斋。斋讫，刺史请师升座，同官僚士庶肃容再拜，问曰："弟子闻和尚说法，实不可思议。今有少疑，愿大慈悲，特为解说。"师曰："有疑即问，吾当为说。"

韦公曰："和尚所说，可不是达摩大师宗旨乎？"师曰："是。"

公曰："弟子闻达摩初化梁武帝，帝问云：朕一生造寺度僧，布施设斋，有何功德？达摩言：实无功德。弟子未达此理，愿和尚为说。"

师曰："实无功德，勿疑先圣之言。武帝心邪，不知正法，造寺度僧，布施设斋，名为求福，不可将福便为功德。功德在法身中，不在修福。"

师又曰："见性是功，平等是德。念念无滞，常见本性，真实妙用，名为功德。内心谦下是功，外行于礼是德。自性建立万法是功，心体离念是德。不离自性是功，应用无染是德。若觅功德法身，但依此作，是真功德。若修功德之人，心即不轻，常行普敬。心常轻人，吾我不断，即自无功。自性虚妄不实，即自无德，为吾我自大，常轻一切故。善知识！念念无间是功，心行平直是德。自修性是功，自修身是德。善知识！功德须自性内见，不是布施供养之所求也，是以福德与功德别。武帝不识真理，非我祖师有过。"

第一个问题，说明功德和福德的差别。

"一日，韦刺史为师设大会斋。斋讫，刺史请师升座，同官僚士庶肃容再拜。"有一天，韦刺史为六祖设盛大的供斋。供斋结束，刺史请六祖升座，并和在场的官员、幕僚、士庶端正威仪，再一次向六祖虔诚礼拜，希望六祖为大众答疑解惑。

"问曰：弟子闻和尚说法，实不可思议。今有少疑，愿大慈悲，特为解说。"刺史向六祖请教说：弟子听闻和尚说法后，觉得义理之深妙，实在不可思议。但我现在还有一些疑问，希望和尚慈悲，能够为我开解。

"师曰：有疑即问，吾当为说。"六祖说：有疑问就请提出，我会为你们解说。

"韦公曰：和尚所说，可不是达摩大师宗旨乎？师曰：是。"韦刺史问道：和尚您所开演的，是达摩大师当初传来的心法吗？六祖回答：正是。

"公曰：弟子闻达摩初化梁武帝，帝问云：朕一生造寺度僧，布施设斋，有何功德？达摩言：实无功德。弟子未达此理，愿和尚为说。"刺史说：弟子听说达摩祖师初次见到梁武帝时，梁武帝问他：我一生建造寺院，剃度僧众，广行布施，大设斋供，有什么功德呢？达摩祖师却回答：并没有什么功德。弟子实在不明白其中道理，希望和尚为我们解说。

梁武帝是中国历史上信佛最为虔诚的一位帝王，多次在寺院舍身为奴，大臣们只得以重金将皇帝赎回，如此再三，令僧团获得大量财富，广建道场。不仅如此，梁武帝还受持菩萨戒，并时常升座说法。这样一位虔诚且博通教理的帝王，在和达摩祖师相见时，彼此却不相契。除了关于功德的这番对话，梁武帝还问达摩：什么是圣谛第一义？达摩的回答是：廓然无圣。梁武帝又问达摩：你说没有圣人，那现在面对我的人是谁？达摩对曰：不识。因为达摩祖师是直接立足于第一义谛作答，而第一义谛是超越空有的，没有能认识和所认识。但梁武帝不曾领会其中奥妙，所以达摩就一苇渡江，北上嵩山了。

"师曰：实无功德，勿疑先圣之言。武帝心邪，不知正法。"六祖回答说：的确没有功德，不要怀疑达摩祖师所说的话。梁武帝的心尚未契入正法，不能正确认识空性，难免向外追求，执著于事相。按照禅宗的见地，真正的功德是在法身中，而不是外在的行为。这个回答大出武帝意料，立刻反问道："何以没有功德？"达摩告诉他："此但人天小果，有漏之因，如影随形，虽有非实。"说无功德，是从究竟意义而言，因为福德是有漏的，就像影子，看似有而实非真。此处所说的"武帝心邪"，不是邪恶的邪，而是相对于正见所说的邪。

"造寺度僧，布施设斋，名为求福，不可将福便为功德。功德在法身中，不在修福。"梁武帝所做的不过是建造寺院、剃度僧人、布施斋僧，这些善行属于福德，不可将此视为功德。真正的功德是证得空性、成就法身，而不在于修福。从另一个角度来说，如果我们具备足够的见地，具备正确的用心，造寺度僧、布施设斋就不仅仅是福德，而是功德了。因为区分功德和福德的关键在于心行，如果是心外求法的善行，所成就的只能是福德而非功德；如果是心无所住的善行，不论做什么都可以成就功德。

"师又曰：见性是功，平等是德。念念无滞，常见本性，真实妙用，名为功德。"六祖接着又对功德作了更为深入的阐述：当你见到觉悟本体，这就是功；当你具备平等心，这就是德。这样的功德是建立在空性基础上，每一念都没有执著、没有障碍，都能安住于觉悟本体，而不是落入对外在差别事相的执著。因为念念无滞，就能常见本性。反过来说，正因为常见本性，才能念念无滞，两者是相互的。当我们安住于觉悟本体，以无住、无所得的心利益大众，就是一种真实妙用，这样的行为才能称为功德。

"内心谦下是功，外行于礼是德。"一个见性的人，不再有我执我慢，才能表现出真正的谦下，这就称之为功。又因为内心谦下，才懂得尊重一切人，以平常心处理一切事务，这就称之为德。

"自性建立万法是功，心体离念是德。"菩提自性能含摄万法，出生万法，这种作用就称之为功。虽然它能建立一切法，但又不染著于一切法，这就称之为德。世人也能成就很多事业，也能做很多护法乃至弘法的事，但对于所做的一切，我们往往有不同程度的贪恋和染著，这就与功德不相应了。

"不离自性是功，应用无染是德。"如果我们时时不离觉悟本体，而不像现在这样，时时安住于贪嗔痴，这就称之为功。因为安住于觉性，在行住坐卧、待人接物时就能具备无住的能力，不会随境而转，也不会生起染著，这就称之为德。

"若觅功德法身，但依此作，是真功德。"如果想要成就功德法身，就应该这样去做，才是真正的功德。所以说，真正的功德不是造寺度僧、广行供养等事相，而是见性及由见性产生的德行，否则就只是福德而非功德了。

"若修功德之人，心即不轻，常行普敬。"修习这种功德者，内心不会轻视任何人，正相反，他会时时尊重并恭敬所有人，使周围的人觉得如沐春风。

"心常轻人，吾我不断，即自无功。自性虚妄不实，即自无德。"如果内心时常瞧不起别人，说明他还处于我执我慢中，所以才有人我是非的对立，这就叫作无功。如果没有见道，就会活在虚妄不实的自我状态中，这就叫作无德。这里所说的功偏向于品质，而德偏向于德行。见性其实代表一种品质的成就，那就是成佛的品质。因为没有见性，也就没有与见性相关的德行。

"为吾我自大，常轻一切故。"因为内心自高自大，无法容纳他人，所以就会轻视一切。所以，修行就是把以自我为中心，转向以三宝为中心，以众生为中心。如果这个中心不转过来，无论做什么，都可能成为我执的增上缘。

"善知识！念念无间是功，心行平直是德。"善知识，如果念念都能见到觉性，与之相应，没有间断，就称之为功。如果内心对一切人、一切事平等无别，常行正直，就称之为德。唯有念念安住于觉性，才会有真正的直心和平常心。学佛人大多知道"直心是道场"，"平常心是道"，但什么是直心？什么是平常心？有人以为，我爱生气就生气，爱说什么就说什么，这就是直心。或者说，我做什么都不假思索，不加选择，这就是平常心。其实不然，因为这些言行是来自贪嗔痴，是扭曲而不平常的。真正的平常必须见性后才能体认，只有在空性层面，万物才是平等的、无差别的。

"自修性是功，自修身是德。"我们通过修行体认到觉悟本体，就称之为功。进而依此修正行为，解除串习，成就佛菩萨那样的德行。

"善知识！功德须自性内见，不是布施供养之所求也，是以福德与功德别。武帝不识真理，非我祖师有过。"在对功和德作了详细阐述后，六祖总结说：善知识，功德是在内心见到的，属于见性的功夫，非外在的布施供养所能成就。所以说，功德和福德是有区别的。关于这一点，是梁武帝不曾见性，不知其中深意，并非达摩祖师所说的有什么过失。

这个问题很有现实意义。在一般人的概念中，常常将功德和福德混为一谈。凡是利他的事，既是功德也是福德。所以，不少学佛者会把做好事直接说成"做功德"或"培福德"。但在《坛经》中，六祖对功德和福德作了非常明确的界定，其差别就在于是否见性，这才是修行的重点所在。如果忘失这个重点，一味在事相上下功夫，无疑是舍本逐末。

# 二、净土在心中

刺史又问曰："弟子常见僧俗念阿弥陀佛，愿生西方。请和尚说，得生彼否？愿为破疑。"

师言："使君善听，惠能与说。世尊在舍卫城中，说西方引化经文，分明去此不远。若论相说里数，有十万八千。即身中十恶八邪，便是说远。说远，为其下根；说近，为其上智。人有两种，法无两般。迷悟有殊，见有迟疾。迷人念佛求生于彼，悟人自净其心。所以佛言：随其心净，即佛土净。使君！东方人但心净即无罪。虽西方人，心不净亦有愆。东方人造罪，念佛求生西方；西方人造罪，念佛求生何国？凡愚不了自性，不识身中净土，愿东愿西，悟人在处一般。所以佛言：随所住处恒安乐。

"使君！心地但无不善，西方去此不遥。若怀不善之心，念佛往生难到。今劝善知识，先除十恶，即行十万；后除八邪，乃过八千。念念见性，常行平直，到如弹指，便睹弥陀。使君！但行十善，何须更愿往生。不断十恶之心，何佛即来迎请？若悟无生顿法，见西方只在刹那。不悟，念佛求生，路遥如何得达？惠能与诸人移西方于刹那间，目前便见，各愿见否？"

众皆顶礼云："若此处见，何须更愿往生。愿和尚慈悲，便现西方，普令得见。"

师言："大众！世人自色身是城，眼耳鼻舌是门。外有五门，内有意门。心是地，性是王，王居心地上。性在王在，性去王无。性在身心存，性去身坏。佛向性中作，莫向身外求。

"自性迷即是众生，自性觉即是佛。慈悲即是观音，喜舍名为势至，能净即释迦，平直即弥陀。人我是须弥，邪心是海水，烦恼是波浪，毒害是恶龙，虚妄是鬼神，尘劳是鱼鳖，贪嗔是地狱，愚痴是畜生。

"善知识！常行十善，天堂便至。除人我，须弥倒。去邪心，海水竭。烦恼无，波浪灭。毒害除，鱼龙绝。自心地上觉性如来放大光明，外照六门清净，能破六欲诸天。自性内照，三毒即除。地狱等罪，一时消灭。内外明彻，不异西方。不作此修，如何到彼？"

大众闻说，了然见性，悉皆礼拜，俱叹善哉！唱言："普愿法界众生，闻者一时悟解。"

第二个问题也很重要。净土宗是汉传佛教的一大主流，往生净土更是很多学佛者期待的终极归宿。即使不是专修净土法门者，也往往将之作为修行的后保险，故有禅净双修、台净双修、密净双修等。通常，我们所说的净土是指西方净土，但六祖在此所说的，则是"自性弥陀，唯心净土"。

"刺史又问曰：弟子常见僧俗念阿弥陀佛，愿生西方。请和尚说，得生彼否？愿为破疑。"刺史又问：弟子常常见到僧俗二众念诵"阿弥陀佛"名号，发愿往生西方。请问和尚，到底能不能往生？希望您为我们解除疑惑。

"师言：使君善听，惠能与说。世尊在舍卫城中，说西方引化经文，分明去此不远。"六祖回答说：使君请听，我将为你们解说。当年，世尊曾在舍卫城开演西方净土法门，讲述阿弥陀佛对众生的接引度化，这个净土其实离我们并不遥远。

"若论相说里数，有十万八千。即身中十恶八邪，便是说远。"十万八千，为六祖泛指，即《弥陀经》所说的"从是西方过十万亿佛土"，是依相而说的具体里程。这个距离是怎么产生的呢？根源还是在我们的心。因为内心有十恶八邪，所以西方净土距我们就有十万亿佛土之遥。所谓十恶，即与十善相反，为杀生、偷盗、邪淫、妄语、恶口、两舌、绮语、贪欲、嗔恚、愚痴。八邪，即与八正道相反，为邪见、邪思惟、邪语、邪业、邪精进、邪命、邪念、邪定。正是这十恶八邪，使西方净土变得遥不可及。

"说远，为其下根；说近，为其上智。"但这个距离并不是绝对的，而是相对的。对于下劣凡夫来说，固然远在天边；对于上根利智来说，其实近在眼前。为什么？因为下根者只会从外在事相看待净土，而利根者能从内心直接认识净土和我们的关系。如果执著于时空的事相，自然遥不可及。一旦向内观照，了解到十万八千只是十恶八邪的阻隔，就能超越时空距离，那么当下就是净土。

"人有两种，法无两般。"两种，以利、钝二者涵盖众生千差万别的根机。虽然众生的根机有利、钝两种，但实相法门是没有差别的。所谓八万四千法门，只是契入实相的不同途径而已，其核心是无差别的。

"迷悟有殊，见有迟疾。迷人念佛求生于彼，悟人自净其心。"众生因为迷悟程度不同，所以见性也有快慢之别。钝根者念佛，不懂得从自心入手，只是一味向外追逐，求生西方。而智者却能了知，十方法界、一切佛土的根本就在我们内心，正如《华严经》所说："若人欲了知，三世一切佛，应观法界性，一切唯心造。"只要能自净其心，当下就是净土。

"所以佛言：随其心净，即佛土净。"所以佛陀告诉我们：随着内心的净化，即能成就清净庄严的佛土。这一思想出自《维摩诘所说经》："若菩萨欲得净土，当净其心，随其心净则佛土净。"反之，如果心是染污的，必将感得污浊的世界。

"使君！东方人但心净即无罪。虽西方人，心不净亦有愆。"愆，罪过。东方人，是相对于西方净土而言，指净土之外的众生。使君，虽然是生于秽土的东方人，只要内心清净，其世界就是清净而没有过失的，等同于净土。反之，虽然是西方人，如果内心染污不净，也是有过失的。所以，关键不在于身处东方还是西方，而在于内心是否清净。

"东方人造罪，念佛求生西方；西方人造罪，念佛求生何国？"东方人造罪，可以念佛求生西方。如果西方人造罪的话，又能念佛求生哪里呢？当然，按净土法门的观点，西方人是不会造罪的。要知道，六祖此处所说的重点不是东方西方的问题，而是心与世界的关系，是唯心净土的原理。所以说，求生净土关键是从内心开始净化。从这个观点来看，人间也有净土，处处都有净土。

"凡愚不了自性，不识身中净土，愿东愿西，悟人在处一般。"愚者不了解内在的觉悟本体，不知道从自己的内心认识净土，整天想着要生到东方，生到西方，忙来忙去，不过是心外求法。而对开悟者来说，此心安处是吾乡，东西南北、在在处处都是净土。

"所以佛言：随所住处恒安乐。"所以佛陀告诉我们：智者在任何一个地方都是安乐自在的。因为他的内心清净无染，所以会法喜充满，源源不断。

"使君！心地但无不善，西方去此不遥。若怀不善之心，念佛往生难到。"心地，心为出生万法之本，故称心地。六祖说：使君，只要断除十恶八邪，内心没有任何不善的念头，西方离此并不遥远。可以说，当下就是西方，不假外求。反之，如果内心有种种不善的念头，即使总在念诵佛号，希求往生，也是南辕北辙，难以抵达。因为这种染污心是无法和净土相应的。

"今劝善知识，先除十恶，即行十万；后除八邪，乃过八千。"现在我奉劝各位善知识，修行要从自己的内心入手，首先消除十恶，就等于前进了十万亿佛土。然后断除八邪，又跨越了八千亿佛土。所以说，断恶修善才是往生净土的真正捷径。

"念念见性，常行平直，到如弹指，便睹弥陀。"如果念念都能安住于觉悟本性，时时保持直心和平常心，弹指间就能往生西方，亲见弥陀。甚至连弹指间都不需要，在见性的当下就能面见弥陀，所谓"见法者，即是见佛"。此处所说，是指唯心净土、自性弥陀。

阿弥陀佛，又名无量光、无量寿，这也是心性的特征。只要证得觉悟本体，每个人都可以是无量光，也可以是无量寿。

"使君！但行十善，何须更愿往生。不断十恶之心，何佛即来迎请？"使君，大家只要常行十善，无须再去寻求外在的净土，因为当下就清净安乐，等同净土。反之，如果不断十恶之心，造作种种不善业，又有哪位佛陀会接引你去净土呢？

"若悟无生顿法，见西方只在刹那。不悟，念佛求生，路遥如何得达？"无生，观觉性无生，以破生灭烦恼。如果悟到无生法忍，刹那间就能见到西方，见到自心净土。如果无法体认觉性，即使念佛求生，十万亿佛土之遥的漫漫征程，又要何时才能到达？所以说，只要内心的十恶八邪未除，就是往生净土的最大障碍，是令净土遥不可及的天堑鸿沟。

"惠能与诸人移西方于刹那间，目前便见，各愿见否？"说明唯心净土的原理后，六祖问大众说：惠能和各位到西方不过在刹那之间，眼下就可以看到，你们愿意看一看吗？

"众皆顶礼云：若此处见，何须更愿往生。愿和尚慈悲，便现西方，普令得见。"大众都恭敬顶礼道：如果这里就可以见到，我们何必发愿在临终时往生西方？希望和尚慈悲为怀，现在就让大众看到西方的显现。

"师言：大众！世人自色身是城，眼耳鼻舌身是门。外有五门，内有意门。"下面，六祖为大众说明心念是如何发展出秽土和净土的：各位，世人各自的色身就像一座城市，每个人都生活在这个五蕴之城中。其中，眼耳鼻舌身是对外的五个城门，内部则有意门。

"心是地，性是王，王居心地上。性在王在，性去王无。性在身心存，性去身坏。"我们的心就像大地，而觉性就像国王，它包含在心的一切活动中。觉性产生作用时，生命就有自主力。而当觉性不再产生作用时，生命就会失去自主力。有了觉性，才有情的存在。离开觉性的作用，有情就会变成无情。

"佛向性中作，莫向身外求。"成佛靠谁去成？ 就是靠这个觉悟本体。所以成佛要向内观照，而不是向外追求。正如《达摩血脉论》所言："若知自心是佛，不应心外觅佛。"

"自性迷即是众生，自性觉即是佛。"我们的五蕴身心有种种心所，由此产生不同作用。在这些动荡起伏的心理活动中，还有一个不生不灭的觉悟本体。当我们迷失觉性，就会呈现众生的生命状态。当我们体认觉性，当下就与十方诸佛无别。因为觉性就是佛菩萨的生命品质，是他们所以成佛的根本所在。

"慈悲即是观音，喜舍名为势至，能净即释迦，平直即弥陀。"发展大慈大悲的品质，能使我们成为观音菩萨。具备随喜平等的心行，能使我们成为大势至菩萨。净化内心的迷惑烦恼，能使我们成为释迦牟尼那样的觉者。而当我们成就平等、正直的品质，就与阿弥陀佛无二无别了。

"人我是须弥，邪心是海水。"当我们内心有了我相、人相的分别，就像被须弥山压住，不得解脱。正是这种充满邪知邪见的心，制造了轮回的大海。众生就在这无边苦海中上下沉浮，无有了期。如果希望解脱，必须无人我、去邪心，没有执著，也就没有挂碍和束缚了。

"烦恼是波浪，毒害是恶龙。"我们的种种烦恼，就像大海中的波涛，汹涌澎湃。这种波浪也代表轮回的现象，不论是地狱，还是饿鬼、畜生，每种生命形态都是轮回大海的波浪，根源就在于贪嗔痴三毒。如果纵容那些损恼、毒害众生的心理，就会成就恶龙的品质，造作不良行为，带来种种灾难。

"虚妄是鬼神，尘劳是鱼鳖，贪嗔是地狱，愚痴是畜生。"虚妄之心会造就鬼神的性格，尘劳妄想会形成鱼鳖的特点，贪嗔烦恼会导致地狱的痛苦，而愚昧痴呆则是畜生的特征。所以说，六道正是内在不良心理的显现。反之，佛菩萨的品行就是良性心理的展现。认识到这些原理之后，我们应该怎样建设净土？

"善知识！常行十善，天堂便至。"善知识，只要时时常行十善，当下就是天堂。因为天堂正是由十善行建设起来的。我们可以想象一下，如果世上所有人都能不杀生、不偷盗，乃至不贪、不嗔、不痴，人间难道不是乐园，不是天堂吗？

"除人我，须弥倒。去邪心，海水竭。烦恼无，波浪灭。毒害除，鱼龙绝。"去除对人相和我相的执著，由人我对立形成的须弥山就会倒塌。去除邪知邪见，生死的大海就会枯竭。消除内心烦恼，轮回的波浪就得以平息。当内心不再有任何伤害之心，就不会感得鱼龙这种生命现象。

"自心地上觉性如来放大光明。"在每个人的内心，都有觉性在大放光芒，照亮黑暗，所谓"灵光独耀，迥脱根尘，体露真常，不拘文字"。或许有人会说，既然如此，为什么我们感觉不到呢？原因在于，我们总是陷入一个又一个的执著中，就像落入一个又一个暗无天日的陷阱，即使阳光普照大地，但因为身处暗室，依然无知无觉。

"外照六门清净，能破六欲诸天。"在觉性光明的照耀下，能够净化我们的眼耳鼻舌身意六根，破除欲界的种种欲望和杂染。六欲诸天即欲界六重天，分别是四王天、忉利天、夜摩天、兜率天、化乐天、他化自在天。

"自性内照，三毒即除。地狱等罪，一时消灭。内外明彻，不异西方。不作此修，如何到彼？"当觉悟本体产生作用的时候，贪嗔痴三毒将彻底断除，地狱等三恶道罪业也将一并消融。在觉性之光照耀下，迷惑烟消云散，内外光明透彻，当下就是西方净土。如果不作这样的修行，怎么可能到达西方？换言之，内心不净，何以显现净土？就像一面污渍斑斑的镜子，照什么都是不清净的，布满污垢的。

"大众闻说，了然见性，悉皆礼拜，俱叹善哉！唱言：普愿法界众生，闻者一时悟解。"大众听闻六祖的开示后，心开意解，得见觉性，虔诚礼拜并感叹道：真是太殊胜了！希望法界一切众生，凡是有缘听闻这一无上法门者，都能言下开悟，明心见性。

# 三、在家修行

师言："善知识！若欲修行，在家亦得，不由在寺。在家能行，如东方人心善。在寺不修，如西方人心恶。但心清净，即是自性西方。"

韦公又问："在家如何修行，愿为教授。"

师言："吾与大众说无相颂，但依此修，常与吾同处无别。若不依此修，剃发出家，于道何益！颂曰：

心平何劳持戒，行直何用修禅，恩则孝养父母，义则上下相怜。

让则尊卑和睦，忍则众恶无喧，若能钻木出火，淤泥定生红莲。

苦口的是良药，逆耳必是忠言，改过必生智慧，护短心内非贤。

日用常行饶益，成道非由施钱，菩提只向心觅，何劳向外求玄。

听说依此修行，西方只在目前。"

师复曰："善知识！总须依偈修行，见取自性，直成佛道。法不相待，众人且散。吾归曹溪，众若有疑，却来相问。"

时刺史官僚，在会善男信女，各得开悟，信受奉行。

答疑解惑后，六祖又为大众讲述了在家居士如何修行的要点。"无相颂"阐明的，是一种没有任何宗教形式的修行。再次说明，修行的关键在于见地和用心。只要见地高超，用心到位，无论做什么都可以是修行。《坛经》的当机者是韦刺史，同时闻法的还有很多官僚和居士，所以这部分开示主要针对在家人所说。但其中开显的修学原理，无论出家、在家，都是大有裨益的。

"师言：善知识！若欲修行，在家亦得，不由在寺。"六祖说：善知识，如果想要学佛修行，在家也是可以的，不是必须到寺院中，也不是必须剃发出家。这就为大众解除了学佛等于出家的误解，同时，也给无缘出家专修的学佛者以信心。

"在家能行，如东方人心善。在寺不修，如西方人心恶。"在家而能如法修行，就像身处东方的污浊世界，但一心向善，同样可以修习善行，见性解脱。如果来到寺院却不认真修行，就像身处西方清净世界，但内心充满污浊，势必不能解脱。

"但心清净，即是自性西方。"只要内心时时清净，无染无著，就是自性净土。所以净土不在别处，就在我们内心。修行的关键也在于自心是否清净，至于选择在家还是出家的方式，只是一个助缘而已。当然，六祖强调的是根本因素。就实际修行来说，这个助缘也很重要。在家居士所面对的，往往是引发贪嗔痴的环境，而凡夫容易心随境转，这就给修行平添了许多障碍。

"韦公又问：在家如何修行，愿为教授。"韦刺史又问：那么在家人应该怎么修行呢？请您为我们加以指点。

"师言：吾与大众说无相颂，但依此修，常与吾同处无别。若不依此修，剃发出家，于道何益！"六祖说：我现在给大众说一个"无相颂"，只要依照这首偈颂开显的理路去做，你们就能和我一样，时时都在修行。否则的话，即使剃发出家，对于解脱又有多少作用呢？下面就对颂文进行解说。

"颂曰：心平何劳持戒，行直何用修禅。"这两句话也是我们耳熟能详的，往往被人作为不用持戒或修禅的借口。这个心平是什么概念？怎样才能称为心平？前提就是见性。只有见到空性，才能真正做到平常平等，无染无著。具备这样的心行，就无须刻意执著于戒相，因为他做什么都是清净的，所谓"从心所欲而不逾矩"。至于行直，亦非常人以为的心直口快，而是念念安住于觉性。倘能做到这点，无论做什么都是修禅，甚至没有出定和入定之分，就不必专门在座上调心入定。事实上，没有什么是比这更高的禅修了。但我们要知道，在心未平、行不直的时候，持戒是必须的，修禅也是必须的。

"恩则孝养父母，义则上下相怜。让则尊卑和睦，忍则众恶无喧。"作为在家居士，最好的报恩就是孝养父母，最应该具备的德行就是尊老爱幼，恭敬长辈，爱护晚辈。学会谦让，就能长幼有序，和睦相处。学会忍耐，就能化解纠纷，平息斗诤。所以说，恩、义、让、忍是我们生活中的必修课。

"若能钻木出火，淤泥定生红莲。"在修行路上，如果能有钻木取火的苦干精神，精进不懈，淤泥必然能生出红莲。红莲是象征在家居士处五欲尘劳而洁身自好，不为所染。反过来说，如果不精进，不努力，就会淹没在淤泥中，没有出头之日。

"苦口的是良药，逆耳必是忠言。"听到别人对我们苦口婆心的劝告，要当作治病的良药来接受。而对别人的不同意见，虽然听起来不那么顺耳，但往往是有益于己的忠言。只有以宽容心接纳各种意见，我们才能看清自身存在的问题。凡夫都喜欢听顺耳的话，但这顺的究竟是什么呢？其实就是我执，需要特别警惕。

"改过必生智慧，护短心内非贤。"不断改正过失，断除烦恼，智慧就能得以开显，这也是《般若品》所说的"常见自己过，与道即相当"。如果保护自己短处，不愿接受批评，就像把病灶捂住不进行治疗一样，是缺乏智慧的表现。

"日用常行饶益，成道非由施钱。"修行要持戒、修定、发慧，更重要的，是把这些功课带到生活中，在一切时中培养正念，修正心行，才能真正地自利利他。并不是说，仅仅布施钱财就能成道。

因为布施可能是菩萨行，也可能是人天善行，关键是我们以什么样的心态去做，以什么样的见地去做。

"菩提只向心觅，何劳向外求玄。"菩提在哪里？要从我们内心去体悟，去证得，何必向外寻求那些玄妙的境界。见性是做减法而非加法，是把遮蔽觉性的烦恼执著一一去除，从而开显这个本自具足的菩提自性。

"听说依此修行，西方只在目前。"能够按这样去修行，西方净土就会在我们眼前显现，无须千里跋涉，万里寻觅。所以说，不论往生净土还是成就佛果都不在别处，而是在我们内心。关键是你要见到，否则就永远隔了一层。

"师复曰：善知识！总须依偈修行，见取自性，直成佛道。"最后，六祖再次告诫大众：善知识，你们都应该按照这首偈颂所说的要领修行，由此体认内在菩提自性，最终成就佛果。

"法不相待，众人且散。吾归曹溪，众若有疑，却来相问。"法会的因缘已经结束，大家可以各自离去。我也准备回到曹溪，如果你们还有什么疑问的话，可以前来询问。

"时刺史官僚，在会善男信女，各得开悟，信受奉行。"当时，刺史、官僚以及在场的善男信女们，听闻六祖开示后，各自都有不同程度的体悟，对顿教法门生起极大信心，发愿受持奉行。

《疑问品》解答的两个问题，在今天仍有现实意义。不少学佛人热衷于培福，这固然可以作为修学的前行，但不能执著于福德相，更不能将之等同于功德，否则就偏离佛法根本了。修得再多，也只是人天善法，不能导向无上菩提。此外，修习净土者容易心外求佛，却忽略对心性的体证，使得这一殊胜法门流于肤浅化、庸俗化。这两个问题的共同点都在于定位不准。佛教虽然有种种法门，但万变不离其宗，这个宗就是我们的心。只有立足于此，在心地上下功夫，才能最终见到心的本来面目。如果偏离这个中心，不论多么努力，只是在外围做一些准备工作而已，并没有真正进入修行轨道。反之，只要找到修行的着力点，即使在座下，在生活中，同样可以见取自性，直成佛道。

【定慧品第四】 启动
内在智慧的
钥匙

　　《定慧品》讲述了顿教法门的修行内容，是《坛经》的重要内容。佛法修行的核心，从教下来说，就是戒定慧三无漏学。《坛经》中，六祖也反复论及戒定慧的关系。和教下的不同在于，六祖始终立足于觉性来阐述。在这个层面，戒定慧是一体无别的。而教下所说的戒定慧，包含迷惑和觉悟两大系统。其中，戒和定基本是在迷惑系统，唯有慧才进入觉悟系统。本品主要论及三个问题：一是解释定慧的关系，二是讲述一行三昧，三是说明禅门修行的三大要领。

# 一、定慧一体

　　师示众云：善知识！我此法门以定慧为本。大众勿迷，言定慧别。定慧一体，不是二。定是慧体，慧是定用。即慧之时定在慧，即定之时慧在定。若识此义，即是定慧等学。

　　诸学道人，莫言先定发慧、先慧发定各别。作此见者，法有二相。口说善语，心中不善。空有定慧，定慧不等。若心口俱善，内外一如，定慧即等。自悟修行，不在于诤。若诤先后，即同迷人。不断胜负，却增我法，不离四相。

　　善知识！定慧犹如何等？犹如灯光。有灯即光，无灯即暗。灯是光之体，光是灯之用。名虽有二，体本同一。此定慧法，亦复如是。


　　首先，说明定和慧的关系。定，为禅定；慧，为智慧。在教下看来，定和慧是两个概念，有定不等于有慧。外道有四禅八定，而单纯的定并不能生起智慧。声闻乘的修行，通常是在得定后修观，由此平息妄心，成就观智。从这个角度来看，定是慧生起的基础，而慧是定导向的结果。那么，六祖又是如何解读定慧及其相互关系的呢？

　　"师示众云：善知识！我此法门以定慧为本。大众勿迷，言定慧别。"六祖对大众开示说：善知识，我所说的顿教法门是以定慧为根本。希望大众不要误解，以为定和慧是两个不同的东西。

　　"定慧一体，不是二。定是慧体，慧是定用。"从顿教法门来看，定和慧是一体的，而不是说，定是定，慧是慧。定具有如如不动的特点，慧具有朗照无住的特点，这都是菩提自性的作用。如如不动是指它的体，朗照无住是指它的用，这是从菩提自性的体和用来建立定慧。

　　"即慧之时定在慧，即定之时慧在定。若识此义，即是定慧等学。"当我们讲到慧具有的朗照无住的特点时，没有离开定的如如不动之体。而讲到定具有的如如不动的特点时，也包含慧的朗照无住的作用。所以，两者是摄体归用。了知其中原理，依此修行，就能在习定的同时修慧，在修慧的同时习定。

"诸学道人，莫言先定发慧、先慧发定各别。"各位修道者，你们不要认为，先习定再修慧，或是先修慧再习定，就觉得定和慧是不一样的。

"作此见者，法有二相。口说善语，心中不善。空有定慧，定慧不等。"如果认为定和慧是不同的，是把一体无别的法当作二元对立的。同时也说明，你们虽在嘴上说着定慧，内心并没有真正通达定慧的实质，虽说也在修定，也在修慧，却不能将定和慧融会贯通起来。

"若心口俱善，内外一如，定慧即等。"如果在见地和心行上都能通达定慧，表里如一，就能做到定慧等持。不必说顿教法门，即便在教下，真正通达之后，也是定慧等持的。当你具足般若智慧时，这个慧必然包含着定。离定无慧，离慧无定，怎么能一分为二呢？

"自悟修行，不在于诤。若诤先后，即同迷人。不断胜负，却增我法，不离四相。"修行的关键，是自己体认定慧的一体无别，而不在于争个先后次第。如果总是执著于先修什么后修什么，其实还没有入道，还是在迷惑中。因为没有证到一体的定慧，内心就会有人我之别，有胜负之心。修来修去，还是离不了我、人、众生、寿者四相。

"善知识！定慧犹如何等？犹如灯光。有灯即光，无灯即暗。"接着，六祖给我们打了一个精彩的比喻。善知识，定和慧的关系就像什么？就像灯和光。我们知道，有灯就有光明，无灯就是黑暗。

"灯是光之体，光是灯之用。名虽有二，体本同一。"灯和光的关系又是什么？灯是光的体，因为有灯而能发光；而光是灯的用，离开这个作用，灯对我们就失去意义了。所以，虽然灯和光有两个名称，从本质而言，却是同一个东西。

"此定慧法，亦复如是。"定和慧也是同样。定是慧之体，慧是定之用，两者的关系犹如灯和光，名称虽不同，实质却是相同的。

# 二、一行三昧

师示众云：善知识！一行三昧者，于一切处行住坐卧，常行一直心是也。《净名经》云：直心是道场，直心是净土。莫心行谄曲，口但说直，口说一行三昧，不行直心。但行直心，于一切法勿有执著。迷人著法相，执一行三昧，直言常坐不动，妄不起心，即是一行三昧。作此解者，即同无情，却是障道因缘。

善知识！道须通流，何以却滞？心不住法，道即通流。心若住法，名为自缚。若言常坐不动是，只如舍利弗宴坐林中，却被维摩诘诃。

善知识！又有人教坐，看心观静，不动不起，从此置功。迷人不会，便执成颠，如此者众。如是相教，故知大错。

其次，说明一行三昧的问题。这是一种最高的禅定，也叫真如三昧。《文殊师利所说摩诃般若波罗蜜经》对它的定义是："法界一相，系缘法界，是名一行三昧。"世界是千差万别的，而法界却是一相的。

以法界为所缘，直接体认这个法界，就叫一行三昧。经中还说："入一行三昧者，尽知恒沙诸佛法界无差别相。"如果体认到一行三昧，就能了知恒河沙数诸佛所证得的法界无差别相。因为法界的本质就是空性，是无差别的。所以说，一行三昧就是证得空性、证得真如的一种大定。

"师示众云：善知识！一行三昧者，于一切处行住坐卧，常行一直心是也。"六祖对大众开示说：善知识，所谓一行三昧，就是在一切时、一切处、一切行住坐卧中，时时都能安住于法界，安住于真如，安住于菩提自性。此处，以行住坐卧四威仪表示一切行为，延伸开去，也包括一切起心动念。

"《净名经》云：直心是道场，直心是净土。"《净名经》，即《维摩诘所说经》，此句出自"菩萨品"。《净名经》说：直心就是道，是本来清净的觉性。能够安住于直心，当下就是清净的佛土。

"莫心行谄曲，口但说直，口说一行三昧，不行直心。"千万不要内心曲意逢迎，只是嘴上说着直心，说着一行三昧，实际却根本不去践行，那就会流于口头禅。这里有两种情况，一是只想说说，并没有准备去做；二是的确想做，但因为种种原因做不起来。对多数人来说，这种禅定确实入处太高。禅宗之所以容易流于口头禅，原因就是大家够不着，最后只好说说过嘴瘾。

"但行直心，于一切法勿有执著。"如果能安住于觉性，对一切法就不会产生执著了。因为觉性具有无住的特点，无住，自然就不会染著。

"迷人著法相，执一行三昧，直言常坐不动，妄不起心，即是一行三昧。"愚痴者执著于修行的外在形式，执著于一行三昧，却不能正确认识其中内涵。他们常常以为，端坐一处，什么都不想，什么念头都不起，就是一行三昧了。这是一种较为普遍的误解。

"作此解者，即同无情，却是障道因缘。"六祖对这一现象作了批评：如果执著于这个观点，是把有情等同于无情，根本不是一行三昧，反而是障道因缘。因为什么都不想仍然是在妄识层面，属于迷妄状态，而一行三昧是正受，是无住而了了分明的，同时也不妨起心动念。

"善知识！道须通流，何以却滞？"善知识，菩提自性是能生万法、妙用无穷的，其存在不拘一格，又能显现一切形相，决不是像木头那样停滞不动。这就是道的特点。怎么可以执著于某种状态是道呢？有人以为，道必然是安静的，或是庄严的，或是空的，或是有的，但这只是他们的想象而已。事实上，不可执著于任何一种形式是道。只要落入某个固定的相，就不是道的本来状态。

"心不住法，道即通流。心若住法，名为自缚。"只有当心无所住的时候，道才能展现这种活泼泼的特征，展现它的无量妙用。如果心有所住，就会被所缘境束缚，无法认识真正的道。就像世间的人，或执著于感情，或执著于财富，或执著于地位，执著于什么，什么就会成为他的枷锁。

"若言常坐不动是，只如舍利弗宴坐林中，却被维摩诘诃。"六祖告诫大众说：如果认为坐着不动就是修行，就是修一行三昧，那么就像舍利弗在林中宴坐那样，反而会被维摩诘批评。这一典故出自《维摩诘所说经·弟子品》，经中，维摩诘对舍利弗开示说："不必是坐为宴坐也。夫宴坐者，不于三界现身意，是为宴坐。不起灭定而现诸威仪，是为宴坐。不舍道法而现凡夫事，是为宴坐。心不住内亦不在外，是为宴坐。于诸见不动而修行三十七品，是为宴坐。不断烦恼而入涅槃，是为宴坐。若能如是坐者，佛所印可。"可见，道是没有固定形式的，不可执著于任何形式为道。只要有执著，恰恰就会使我们为其所缚。

"善知识！又有人教坐，看心观静，不动不起，从此置功。"六祖进一步指出：善知识，还有人教授静坐，认为禅修就是让身心处于绝对安静的状态，一动不动，没有任何念头现起，以此作为用功方式。事实上，执著于静也是不对的，最多只能得到一些定力，并不是佛法修行的目的。

"迷人不会，便执成颠，如此者众。如是相教，故知大错。"迷者因为见不到觉悟本体，就会执著于所谓的静，执著于什么都不想的状态，最终成就的还是颠倒妄想。事实上，持此观点乃至依此实践者大有人在，可以说是关于禅修最为普遍的误解。如果以这样的方式教导禅修，将会断送自己乃至他人的法身慧命，铸成大错。

# 三、禅门三大要领

师示众云：善知识！本来正教无有顿渐，人性自有利钝。迷人渐修，悟人顿契。自识本心，自见本性，即无差别，所以立顿渐之假名。

善知识！我此法门，从上以来，先立无念为宗，无相为体，无住为本。无相者，于相而离相。无念者，于念而无念。无住者，人之本性，于世间善恶好丑，乃至冤之与亲，言语触刺欺争之时，并将为空，不思酬害。念念之中，不思前境。若前念今念后念，念念相续不断，名为系缚。于诸法上，念念不住，即无缚也。此是以无住为本。

善知识！外离一切相，名为无相。能离于相，即法体清净。此是以无相为体。

善知识！于诸境上心不染，曰无念。于自念上，常离诸境，不于境上生心。若只百物不思，念尽除却，一念绝即死，别处受生，是为大错，学道者思之。若不识法意，自错犹可，更误他人。自迷不见，又谤佛经。所以立无念为宗。

善知识！云何立无念为宗？只缘口说见性，迷人于境上有念。念上便起邪见，一切尘劳妄想从此而生。自性本无一法可得。若有所得，妄说祸福，即是尘劳邪见。故此法门立无念为宗。

善知识！无者无何事？念者念何物？无者无二相，无诸尘劳之心。念者念真如本性。真如即是念之体，念即是真如之用。真如自性起念，非眼耳鼻舌能念。真如有性，所以起念。真如若无，眼耳色声当时即坏。

善知识！真如自性起念，六根虽有见闻觉知，不染万境，而真性常自在。故经云：能善分别诸法相，于第一义而不动。

在阐述定慧一体及一行三昧后，六祖为大众指出了顿教修行的三大要领，即"无念为宗，无相为体，无住为本"。可以说，这是对本门最精辟的归纳。那么，又该如何认识这个无念、无相和无住呢？

"师示众云：善知识！本来正教无有顿渐，人性自有利钝。"六祖对大众开示说：善知识，修行所要体悟的觉性，其实是没有顿渐之分的。之所以会有顿渐的差别，只是因为人的根机有利有钝。

"迷人渐修，悟人顿契。"钝根者只能通过渐修的方式，有次第地步步向前，而利根者可以用最快速度契入觉性。因为各人的修行起点不同，迷悟程度不同，所以根机就会有利有钝。但不管是渐修还是顿入，只是手段上的差别，而不是觉性本身的差别，不是法的差别。

"自识本心，自见本性，即无差别，所以立顿渐之假名。"如果能见到心的本来面目，见到内在的菩提自性，就会知道这一切是无差别的。所以说，顿教和渐教的名称，只是假名安立而已。在究竟意义上，是无所谓顿渐之分的。

"善知识！我此法门，从上以来，先立无念为宗。"这一段提出禅门修行的三大要领，并作了精辟阐述：善知识，我所说的顿教法门，从历代祖师传来时，就是以证得无念的心体为宗旨。这个无念心体即般若三昧。般若系的修行是通过开显智慧而抵达彼岸，目标和禅宗是一致的。不同在于，般若系的修行是由缘起性空、认识中道，而禅宗则是引导我们直接体认般若。

"无相为体。"无念的心体是没有形状，也没有颜色的，故说以无相为体。换言之，无念的心体还具有无相的特征，超越世间一切差别，也超越一切二元对立的相。它不以任何相状出现，但也不是什么都没有，而是一种超越空有的存在。

"无住为本。"无住是显示无念心体的作用，其特点为不染著，即《金刚经》所说的"菩萨不住色生心，不住声香味触法生心"。如何才能做到这一点？前提就是体认到空性。当我们安住于无念的心体，自然就具备无住的作用。前面说到，摩诃般若含藏一切法，能生一切法，同时又具有朗照无住的功能，所以无住就是无念心体的作用。

"无相者，于相而离相。"无相，是在相上超越对相的执著，直接体认相背后的无相。无相是相对有相而言，我们说到有和空的时候，很容易将两者对立起来，以为空是在有之外，或者把有毁坏之后才是空。这种空，不是佛教所说的空；这种无相，也不是佛教所说的无相。《坛经》开示的无相，既没有离开一切相，也不执著于一切相，是在相的当下体认无相的心体。

"无念者，于念而无念。"无念也不是一般人所理解的，什么都不要想，其实这还是妄识层面的造作。《坛经》所说的无念，是透过念头，直接体认无念的心体。也就是说，念和无念可以同时并存。无念的心体没有离开念头，事实上，它就在念头的背后。当我们体认到无念的心体，在起心动念时，就能心无所住。

"无住者，人之本性，于世间善恶好丑，乃至冤之与亲，言语触刺欺争之时，并将为空，不思酬害。"无住的修行，必须以空性见为基础，认识到世间的善恶、美丑、冤亲，乃至语言冲突和相互斗争，一切的一切，从本质上说都是空的，无自性的，都是因缘的假相。既然是假相，就像演戏一样，没必要斤斤计较，锱铢必较了。

"念念之中，不思前境。若前念今念后念，念念相续不断，名为系缚。"如果这种认识只是停留在思惟上，不会有多少力量。如果我们通过观修，真正体认到空性智慧，就能在每个念头生起时安住当下，而不是沿着思惟惯性，继续纠缠于之前的境界。因为心有攀缘的习惯，只要对境界还有执著，就会粘上去，由前一念带起这一念，这一念引发后一念，念念相续，不绝如缕。从而使心被念头绑住，被所缘绑住，这就称之为系缚。

"于诸法上，念念不住，即无缚也。"当我们认识到世间的善恶、好丑、冤亲等一切法的本质都是空的，无自性的，进而引发内在观照，就能在每个念头生起的当下，了了分明而不追逐，心就不会被境界绑住。

"此是以无住为本。"此，即以上所说的两点：一是认识到诸法都是空无自性的，二是具备念念不住的觉照力。倘能如此，就是以无住为本，这也是禅宗修行的着力点。以上，对无念、无相、无住作了简单介绍，接着对三大纲领进行深入阐述。

"善知识！外离一切相，名为无相。"善知识，在面对一切相的同时，又能超越一切相的显现和差别，就称为无相。所以，无相不是没有相，而是不为相所转。

"能离于相，即法体清净。此是以无相为体。"只要远离对相的执著，不被相的种种变化所染污，就能证得诸法实相。这是以无相为体。反之，只要陷入对相的执著，哪怕只有一点，心就会被遮蔽，体认不到无相的心体。

"善知识！于诸境上心不染，曰无念。"善知识，面对一切顺逆境界的时候，内心不再有任何染著，就叫作无念。这个无念不是没有念头，更不是一无所知，而是不起贪嗔，没有染著。

"于自念上，常离诸境，不于境上生心。"在当下的每个念头中，能对境界保持观照，不由此生起染著。对于凡夫来说，面对种种境界时，总会生起相应的染著，因为喜欢而生贪，因为讨厌而起嗔，这就不是无念而是失念了。唯有安住于无念的心体，心才会像镜子一样，物来影现，物去归空，只是自然反应而已。

"若只百物不思，念尽除却，一念绝即死，别处受生，是为大错，学道者思之。"如果一味追求什么都不想的境界，断除所有念头，心就死掉了，这是落入修行歧途。在禅宗看来，这种做法是大错而特错的。因为这并不是六祖所说的"无念"，而是妄识层面的造作，即使坐得再久，也不能开发觉性，导向智慧。对于这种错误观念，修道者要特别谨慎。

"若不识法意，自错犹可，更误他人。自迷不见，又谤佛经。所以立无念为宗。"如果不能正确认识佛法真义，自己错了还是小事，再以这样的邪见引导别人，就是自误误人，罪加一等。不但自己不能见性，而且还诽谤佛经，造作极大恶业。祖师为了纠正这样的误解，特别立无念为宗。

"善知识！云何立无念为宗？只缘口说见性，迷人于境上有念。念上便起邪见，一切尘劳妄想从此而生。"无念是《坛经》的核心内容，所以，六祖还要继续消除我们对无念的误解。善知识，什么是立无念为宗？有些人只是嘴上说着见性，面对境界时，还是缺乏智慧观照，随着无明烦恼的串习，虚妄分别，产生种种邪知邪见，一切尘劳妄想从此产生。

"自性本无一法可得。"我们要证得的菩提自性，其实是无一法可得的，否则就是世间的有为法，而不是出世间的无为法了。正如佛陀在《金刚经》所说："我于阿耨多罗三藐三菩提，乃至无有少法可得，是名阿耨多罗三藐三菩提。"

"若有所得，妄说祸福，即是尘劳邪见。故此法门立无念为宗。"如果认为自己得到什么，胡说什么祸福之事，就是邪知邪见，是在迷妄而非觉醒的状态。所以，顿教法门立无念为宗，让我们透过念头，直接体认无念的心体，而不是压制或灭除念头。

"善知识！无者无何事？念者念何物？"那么，无念的"无"，所无的是什么？无念的"念"，所念的又是什么？

"无者无二相，无诸尘劳之心。"所谓无，无的就是美丑、好坏等一切法的差别相，以及由五欲尘劳生起的种种妄心。讲摩诃般若曾经说到，般若心体就像虚空一样，没有任何外在相状，同时也没有与外境相应的尘劳之心。

"念者念真如本性。真如即是念之体，念即是真如之用。"所谓念，就是念真如本体，这是最为究竟的正念。那么，正念和真如究竟是什么关系？这里所说的正念，就是般若智慧，而不是意识层面的念头。这个真如就是正念的体，而正念则是真如产生的作用，进而又能帮助我们体认真如。所以，真如和正念是体用的关系。虽然在作用上有体有用，但本质上还是一个东西。

"真如自性起念，非眼耳鼻舌能念。"真如本体生起的正念，不是眼耳鼻舌的作用、而是真如直接在生命中产生的作用。凡夫的生命也没有离开真如，但它所显现的，是真如被无明扭曲后产生的妄用。只有见性之后，才能转为正用。

"真如有性，所以起念。真如若无，眼耳色声当时即坏。"真如具有觉性，蕴含能动的作用，自觉的作用，所以能生起正念，出生万法。这是宇宙最原始的能动性，正因为这种能动性，宇宙才是活的。如果没有真如的能动作用，眼耳鼻舌这些色法立刻就会失去生命力。

"善知识！真如自性起念，六根虽有见闻觉知，不染万境，而真性常自在。"六祖进一步告诉我们：善知识，直接从真如觉性产生的正念，表现在六根上有见闻觉知的作用，但这种作用不会染著任何境界，是自在无碍的，不会喜欢此而排斥彼，也不会看到局部而不见整体。我们每天都在见闻觉知，这种见闻觉知虽不是觉性的作用，却没有离开觉性。这就是禅宗所说的"即此见闻非见闻"，是这个见闻觉知，又不是这个见闻觉知。为什么？因为现在的见闻觉知是无明的作用，但其原始能量来自觉性。如果见闻觉知没有陷入无明，就是觉性的作用。反之，就不是觉性的作用。虽然不是，但没有离开觉性。

"故经云：能善分别诸法相，于第一义而不动。"这句经文出自《维摩诘所说经》。所以佛经中说：佛菩萨善于区分一切法相，能够妙用无方，同时又能安住于空性，如如不动。这种动和静是完全不相妨碍的，只是随因缘而显现。

用语言解说无念、无相、无住，所能传达的内涵非常有限。说得再多，也只是标月指，不是月亮本身，更不能代替谁看见。唯有通过实修，才能使自己在心行上有所体认。所以，六祖接着为大众开示了如何禅修的要领。

# 【坐禅品第五】

启动

内在智慧的

钥匙

见性需要实证，这就离不开禅修。教下的坐禅，从坐姿到用心都有一定之规。那么，顿教法门又是采用什么方法呢？这些方法和教下有多少差异呢？

# 一、如何坐禅

师示众云：此门坐禅，元不著心，亦不著净，亦不是不动。若言著心，心元是妄。知心如幻，故无所著也。若言著净，人性本净。由妄念故，盖覆真如，但无妄想，性自清净。起心著净，却生净妄。妄无处所，著者是妄。净无形相，却立净相，言是工夫。作此见者，障自本性，却被净缚。

善知识！若修不动者，但见一切人时，不见人之是非善恶过患，即是自性不动。

善知识！迷人身虽不动，开口便说他人是非长短好恶，与道违背。若著心著净，即障道也。

在第一部分，六祖直截了当地指出了此门坐禅的要领。

"师示众云：此门坐禅，元不著心，亦不著净，亦不是不动。"六祖对大众开示说：顿教法门的禅修特点，不必摄心一处，也不必执著于清净的所缘，但又不是完全不动。禅修通常是选择一个所缘境，或专注于呼吸，或专注于佛像，或专注于身受心法四念处等，属于有所止。而顿教法门的坐禅属于无所止，不需要什么具体对象，直接把心安住于觉性。

"若言著心，心元是妄。知心如幻，故无所著也。"如果说执著于某个心念，但心念本身是虚妄的。正如《金刚经》所说："过去心不可得，现在心不可得，未来心不可得。"因为心念是缘起的产物，一旦观照自己的心，会发现它如幻如化，了不可得，实在没什么可执著的。若有所著，那都是妄想。

"若言著净，人性本净。由妄念故，盖覆真如，但无妄想，性自清净。"如果说要安住于某个清净的所缘——其实，菩提自性本来就是清净的，只是因为种种烦恼妄想，才会遮蔽真如。只要不再现起妄想，还有什么比这更清净的呢？何必另外再去著净？正如古德所说的那样："至道无难，唯嫌拣择。"至道本来不难，因为有了妄想分别，才使我们与道渐行渐远。

"起心著净，却生净妄。妄无处所，著者是妄。"我们想要执著于一个清净的境界，这个执著本身就是妄想，是不清净的。但妄想也是没有根的，只是因为执著，才使妄想得以存在。执著越深，妄想就越发得到强化，得到支持。一旦放下执著，妄想就会失去依托基础，不攻自破了。

"净无形相，却立净相，言是工夫。作此见者，障自本性，却被净缚。"菩提自性是清净的，这种清净并没有固定的外在形相。如果我们执著于有个清净的形式，以为这才是修行，才是在做工夫。那么，这种认识恰恰障碍了觉性的显现，恰恰会使我们为其束缚。所以，顿教的坐禅不可以著心，不可以著净，也不可以执著于坐相，而是要直接体认觉性。

"善知识！若修不动者，但见一切人时，不见人之是非善恶过患，即是自性不动。"善知识，修习觉性者，在面对一切人的时候，虽然看得清清楚楚，但不会带着固有标准去评判他们的是非善恶，不会与此相应，也不会受其影响，这就是觉性具有的如如不动的特点。而对常人来说，往往带着这样那样的标准待人接物，或喜欢，或讨厌，或贪恋，或排斥，总是随境而转。

"善知识！迷人身虽不动，开口便说他人是非长短好恶，与道违背。"善知识，那些没有体认觉性的人，虽然经常打坐，身体是静止不动的，但内心却动荡不安，充满人我是非，所以开口就会议论他人的是非、长短、善恶，总是有话要说，有想法要表达，这完全是与修道相违背的。

"若著心著净，即障道也。"总之，不论是执著于心还是执著于净，都会成为障道的因缘。

关于坐禅，禅宗有个著名的公案。马祖道一到南岳怀让那里去坐禅。怀让见马祖是个法器，就在一边磨砖以激之。马祖被吵得不行，就问："你磨砖做什么？"怀让说："要做镜子。"马祖说："磨砖岂能做镜？"怀让说："如果磨砖不能做镜的话，枯坐怎能成佛？"此说与马祖的想法差距甚大，就问："那究竟应该怎么做呢？"怀让比喻说："就像牛驾着车，如果车不走的时候，应该打车还是打牛呢？"马祖豁然开朗。修行的关键在于见性，如果执著于坐相，一味在坐的本身下功夫，就像磨砖做镜、弃牛打车一样，是不可能成就的。

菩提自性是人人皆有的，不是靠硬修修出来的。只要因缘成熟，随时随地都可能开悟。所以，禅宗祖师的悟道因缘可谓多姿多彩。但这种开悟不是凭空而有的，是在座下绵密用心的结果。如果执著于某种形式才能见性，就会成为见性的障碍。

但在修行初期，不通过特定方式加以训练，很难从固有串习中走出来。所以大家不要觉得以后就不必打坐，事实上，打坐也是帮助见性的重要方式之一。我们的本师释迦牟尼佛就是在菩提树下由坐禅成就的，在禅宗祖师中，坐破蒲团的也大有人在。因此，我们要正确看待坐的问题，既不能忽略这个基础，又不可执著于此。不是说必须在座上才能见性，关键是把这种用心延续到一切时、一切处，绵绵密密，功夫成片。

# 二、何为禅定

师示众云：善知识！何名坐禅？此法门中，无障无碍，外于一切善恶境界心念不起，名为坐。内见自性不动，名为禅。

善知识！何名禅定？外离相为禅，内不乱为定。外若著相，内心即乱。外若离相，心即不乱。本性自净自定，只为见境、思境即乱。若见诸境心不乱者，是真定也。

善知识！外离相即禅，内不乱即定。外禅内定，是为禅定。《菩萨戒经》云："我本元自性清净。"

善知识！于念念中自见本性清净，自修自行，自成佛道。

接着，六祖以顿教的见地为我们阐述什么是坐禅、什么是禅定。

"师示众云：善知识！何名坐禅？此法门中，无障无碍，外于一切善恶境界心念不起，名为坐。"六祖为大众开示说：善知识，什么叫坐禅呢？在顿教法门中，坐禅没有任何固定形式，也不会拘泥于某种威仪，只要心念不随外在善恶境界而动，没有染著，也不受干扰，就称为"坐"。

"内见自性不动，名为禅。"向外，是不随境而转。向内，则要时刻体认觉性如如不动的特点，就称为"禅"。也就是说，这个坐禅不是形式上的坐，不是身体在那里端坐不动，而是心的安住。所以，行住坐卧的任何威仪都可以是"坐禅"。即便抡刀上阵，一样可以心念不动。反之，只要起心动念，或不能体认觉性，即使正襟危坐，也不是真正的"坐禅"。

"善知识！何名禅定？外离相为禅，内不乱为定。"通常所说的禅定是心一境性，而《坛经》所说的禅定是一行三昧，是立足于觉性的修行。善知识，什么叫作禅定？能够超越对一切相的执著，就称为"禅"。同时，内心不随任何境界而动，不散乱，不攀缘，不动摇，就称为"定"。

"外若著相，内心即乱。外若离相，心即不乱。"如果执著于任何外在形相，执著于是非好恶，内心就会散乱动荡。唯有超越一切外相，超越人为的标准和设定，才能超然物外，安住不动。

"本性自净自定，只为见境、思境即乱。若见诸境心不乱者，是真定也。"菩提自性是本来清净、如如不动的，只是因为执著于外境，才会有虚妄分别，使心随境而转。这种动乱属于迷惑系统的作用，在它的背后，还有不动不乱的觉性。如果看到一切境界都了了分明而不受干扰，才是大定，是真正的定。

"善知识！外离相即禅，内不乱即定。外禅内定，是为禅定。"善知识，远离对外相的执著就是禅，内心安住不动就是定。所以，禅侧重向外，即外不染著；而定侧重向内，即内不散乱。能够外不染著而内不散乱，才可称为禅定。

"《菩萨戒经》云：我本元自性清净。"《菩萨戒经》说：我们的觉悟本体从来都是清净的，不是因为修了什么才清净的。

"善知识！于念念中自见本性清净，自修自行，自成佛道。"六祖在结束关于坐禅的开示时，再次提醒大众：善知识，修行要念念见到自己的本性，安住于此，自己去开显，自己去保任，自己去圆满，最终才能成就佛道。这件事没有任何人可以代替，佛陀只是指引方向，师父只是传授方法，但不能代替你去实践。即使得佛接引，往生西方，还是要靠自己修行，才能花开见佛。

之前说到，顿教法门的修行是"唯论见性，不论禅定解脱"。所以，《坐禅品》讲述的，并非通常意义上的坐禅或禅定，而是立足于至高的见地，处处以本分事相见，处处从见性的角度契入。在这个层面来说，修行难的不是做什么，而是不做什么。或者说，做什么的目的，最终是为了不做什么。而不做什么的前提，是能够见性，能够外离相而内不乱。

# 【忏悔品第六】

启动
内在智慧的
钥匙

忏悔是人格的清洗剂，也是佛教的重要修行内容。在无尽轮回中，我们曾经造下无量罪业。仅仅这一生，因为贪嗔痴造作的不善行也难以计数。这些恶业不仅使我们倍受痛苦，更是学佛路上的重重障碍。忏悔就是扫除障碍的有力手段，可令重业转轻，轻业消除，所以，佛教各个宗派都很重视这一修行，具体方法依各宗见地而有不同。《坛经》提供的忏悔方法，是立足于觉性，从根本上铲除恶业生起的基础。

时，大师见广韶洎四方士庶骈集山中听法，于是升座告众曰："来，诸善知识！此事须从自性中起。于一切时，念念自净其心，自修自行，见自己法身，见自心佛，自度自戒，始得不假到此。既从远来，一会于此，皆共有缘，今可各各胡跪，先为传自性五分法身香，次授无相忏悔。"众胡跪。

"时，大师见广韶洎四方士庶骈集山中听法，于是升座告众曰。"时，类似佛经的一时，即那个时候。广韶，广州和韶州。洎，及。士庶，士人和普通百姓。骈集，聚集。那时，六祖看到从广州、韶州及各地慕名而来的士人、百姓聚集到山中闻法，于是升座，告诫大众说。

"来，诸善知识！此事须从自性中起。"此事，指忏悔。六祖对大众说：来，各位善知识，应该如何忏悔呢？这件事必须从觉悟本体入手。通常所说的忏悔，主要是礼拜、诵经或依仪轨行之，而《坛经》提倡的忏悔，是自净其心的无生忏。因为觉性具有解除一切烦恼的力量，能够直接摧毁罪业依托的基础。

"于一切时，念念自净其心。"在一切时，念念都要净化自己的内心。这里所说的自净其心，是直接契入实相般若。如果还做不到，可以从观照般若入手，保持觉知，念念相续，不使烦恼有可乘之机。

"自修自行，见自己法身，见自心佛，自度自戒，始得不假到此。"能够按禅宗的见地不断修行，就能见到自己的法身，见到内在的佛性，从而自我解脱，并自然具足戒行。这样的话，你们才不算到这里白来一趟。因为这是修行的根本大事。

"既从远来，一会于此，皆共有缘，今可各各胡跪，先为传自性五分法身香，次授无相忏悔。众胡跪。"既然你们远道而来，相聚于此，都是多生累劫的善缘。现在大家各自跪下，先为你们传授自性五分法身香，接着再授无相忏悔。大众胡跪。

# 一、五分法身

师曰："一戒香，即自心中，无非、无恶、无嫉妒、无贪嗔、无劫害，名戒香。

二定香，即睹诸善恶境相，自心不乱，名定香。

三慧香，自心无碍，常以智慧观照自性，不造诸恶。虽修众善，心不执著。敬上念下，矜恤孤贫，名慧香。

四解脱香，即自心无所攀缘，不思善，不思恶，自在无碍，名解脱香。

五解脱知见香，自心既无所攀缘善恶，不可沉空守寂，即须广学多闻，识自本心，达诸佛理，和光接物，无我无人，直至菩提，真性不易，名解脱知见香。

善知识！此香各自内熏，莫向外觅。"

五分法身香，即声闻成就的戒香、定香、慧香、解脱香、解脱知见香，以此五种功德法成就佛身而得名。在《坛经》中，六祖是从觉悟本体来建立五分法身。若能体认觉性，即得成就五分法身。

"师曰：一戒香，即自心中，无非、无恶、无嫉妒、无贪嗔、无劫害，名戒香。"六祖说：第一是戒香。戒是防非止恶之义，要止息不善的言行，更要止息不善的心理。因为心才是行为的源头，所以关键在于心而不是行。当我们在面对一切时保持观照，内心自然没有是非，没有恶念，没有嫉妒，没有贪婪和嗔恨，没有损害他人的想法，当下就具足戒香。

"二定香，即睹诸善恶境相，自心不乱，名定香。"第二是定香，当我们安住于觉性产生的观照力，即使面对种种善恶境界，内心也能如如不动，不随外境左右，不再心生染著，这就是定香。

"三慧香，自心无碍，常以智慧观照自性，不造诸恶。虽修众善，心不执著。敬上念下，矜恤孤贫，名慧香。"第三是慧香。有了智慧观照，就能了悟诸法实相，自然不会造作诸恶。因为了知一切都是因缘假相，本质都是空性，虽然修习种种善行，恭敬长辈，爱护晚辈，帮助孤苦贫穷的人，但又心不执著，这就是慧香。此处所说的慧包括体和用两方面，不仅是证得空性的慧，也是安住于觉性的作用，所以能自利利他。

"四解脱香，即自心无所攀缘，不思善，不思恶，自在无碍，名解脱香。"第四是解脱香，是偏向于空的智慧，能体认并安住于空性，就不会攀缘任何外境，不思善，不思恶，自在无碍，这就是解脱香。在我们的观念中，修行就是要断恶修善，这在学佛之初固然需要，但若始终执著于善恶的分别，即为法缚，也是不得解脱的。正是针对这一点，《坛经》两次提到"不思善、不思恶"。这个不思，不是不辨善恶，更不是混淆善恶，而是安住于空性，超越善恶的二元对待。

"五解脱知见香，自心既无所攀缘善恶，不可沉空守寂，即须广学多闻，识自本心，达诸佛理，和光接物，无我无人，直至菩提，真性不易，名解脱知见香。"第五是解脱知见香。解脱是偏于空的智慧，而解脱知见则有体有用。当我们证得觉性后，心已经不再攀缘外境，分别善恶，但不可一味沉溺于空性中，还要广学多闻。既能了知心的本来面目，也能通达种种佛法义理，乃至世间的文化知识、风俗人情。在待人接物的过程中，才能和其光，同其尘，没有我相人相，直至成就菩提，都能安住于觉性，如如不动，这就叫作解脱知见香。解脱香偏向根本智，而解脱知见香偏向后得智，都属于觉悟本体的不同作用。

"善知识！此香各自内熏，莫向外觅。"善知识，以上所说的五分法身香，你们需要从内心入手，由体认觉悟本体而成就，切勿向外寻觅。不能仅仅注重外在事相，觉得做了什么就是在持戒，关键是铲除不良串习及人我是非的依托基础，那就自然不会再犯戒了。这正是顿教修行之所以快捷的原因所在，是由内而外，直接抓住了最根本处。

# 二、无相忏悔

今与汝等授无相忏悔，灭三世罪，令得三业清净。

善知识！各随我语，一时道：弟子等，从前念、今念及后念，念念不被愚迷染。从前所有恶业愚迷等罪，悉皆忏悔，愿一时消灭，永不复起。弟子等，从前念、今念及后念，念念不被骄诳染。从前所有恶业骄诳等罪，悉皆忏悔，愿一时消灭，永不复起。弟子等，从前念、今念及后念，念念不被嫉妒染。从前所有恶业嫉妒等罪，悉皆忏悔，愿一时消灭，永不复起。善知识！已上是为无相忏悔。

云何名忏？云何名悔？忏者，忏其前愆。从前所有恶业，愚迷、骄诳、嫉妒等罪，悉皆尽忏，永不复起，是名为忏。悔者，悔其后过。从今以后，所有恶业，愚迷、骄诳、嫉妒等罪，今已觉悟，悉皆永断，更不复作，是名为悔。故称忏悔。凡夫愚迷，只知忏其前愆，不知悔其后过。以不悔故，前愆不灭，后过又生。前愆既不灭，后过复又生，何名忏悔？

第二部分是说明无相忏悔。

"今与汝等授无相忏悔，灭三世罪，令得三业清净。"六祖说：现在我为你们授无相忏，直接从体认觉性来忏悔，由此可以灭除过去、现在、未来三世的无量罪业，使身口意三业得以净化。

"善知识！各随我语，一时道：弟子等，从前念、今念及后念，念念不被愚迷染。"善知识，你们都随着我所说的一起发愿：（弟子等人，从前面的念头、当下的念头到后面的念头，每一念都不被愚痴和迷妄所染污。作为凡夫来说，当觉性光明尚未生起时，心很容易陷入无明烦恼，为其所染。所以六祖首先提醒大众，须念念清明，念念不被愚迷染污。）

"从前所有恶业愚迷等罪，悉皆忏悔，愿一时消灭，永不复起。"对无始以来造作的种种恶业和无明烦恼等罪，现在以至诚心共同忏悔，希望这些罪业彻底断除，永远不再生起。

"弟子等，从前念、今念及后念，念念不被骄诳染。从前所有恶业骄诳等罪，悉皆忏悔，愿一时消灭，永不复起。"骄诳，即骄傲和欺骗他人的心理，一旦生起，心就会本能地认定它、接受它并执以为我。所以六祖要我们发愿：（弟子等人，从前面的念头、当下的念头到后面的念头，念念都能对骄诳保持觉察和观照，不再被它染污。对无始以来由骄诳造作的种种罪业，现在以至诚心共同忏悔，希望这些罪业彻底断除，永远不再生起。）

"弟子等，从前念、今念及后念，念念不被嫉妒染。从前所有恶业嫉妒等罪，悉皆忏悔，愿一时消灭，永不复起。"（弟子等人，从之前的念头、当下的念头到后面的念头，念念都能对嫉妒保持观照，不被这种不良心理所染污。对无始以来由嫉妒造作的种种罪业，现在以至诚心共同忏悔，希望这些罪业彻底断除，永远不再生起。）

"善知识！已上是为无相忏悔。"善知识，以上就是无相忏悔，是由安住觉性，直接体认罪业了不可得，从而完成忏悔的修行。可以说，这是一种最彻底的忏悔，是釜底抽薪式的。

"云何名忏？云何名悔？"那么，究竟什么叫作忏，什么叫作悔呢？

"忏者，忏其前愆。从前所有恶业，愚迷、骄诳、嫉妒等罪，悉皆尽忏，永不复起，是名为忏。"所谓忏，就是忏除往昔的过失。包括曾经造作的一切身口意恶业，如愚迷、骄诳、嫉妒及由此产生的种种不善行，现在我们要彻底忏悔，永远不让这些不良心行在生命中出现，这就称之为忏。

"悔者，悔其后过。从今以后，所有恶业，愚迷、骄诳、嫉妒等罪，今已觉悟，悉皆永断，更不复作，是名为悔。"所谓悔，就是发愿以后不再造作任何恶业。从今以后，让心时时安住于觉性光明，彻底清除无始以来形成的愚迷、骄诳、嫉妒等不良串习，永不再造，这就称之为悔。

"故称忏悔。"所以说，忏除往昔恶业，并发愿永不造恶，就称为忏悔，两者缺一不可。如果在忏罪的同时继续造恶，就不是真正的忏悔，而是自欺欺人的表演了。

"凡夫愚迷，只知忏其前愆，不知悔其后过。以不悔故，前愆不灭，后过又生。"此处，六祖特别提醒我们：凡夫因为愚痴迷妄，往往只知道忏除之前的过失，却没想到发愿不再造恶。因为没有对此产生警觉，前面所造的恶业尚未消除，后面的过失又接着产生了。因为"忏其前愆"对治的只是结果，是已经形成的恶业，而"悔其后过"则是从因上防范，是防患于未然的积极措施，也是最终的解决方案。

"前愆既不灭，后过复又生，何名忏悔？"如果前面的罪业尚未消除，后面的过失又产生了，这叫什么忏悔呢？如果说是忏悔，那就是忏悔的轮回，不断在造业与忏悔中循环往复。

无相忏的重点，是直接立足于觉悟本体进行忏悔，所谓"罪从心起将心忏，心若灭时罪亦亡。罪亡心灭两俱空，是则名为真忏悔"。在忏除前罪的同时，更要发愿永不再造。这就必须安住于觉性，才能彻底摆脱无明迷妄以及由此产生的不良心行。否则，在凡夫无明迷惑的系统中，想要不再造恶，是防不胜防的。

# 三、发四弘誓愿

善知识！既忏悔已，与善知识发四弘誓愿。各须用心正听：自心众生无边誓愿度，自心烦恼无边誓愿断，自性法门无尽誓愿学，自性无上佛道誓愿成。善知识！大家岂不道众生无边誓愿度？恁么道，且不是惠能度。

善知识！心中众生，所谓邪迷心、诳妄心、不善心、嫉妒心、恶毒心，如是等心尽是众生。各须自性自度，是名真度。何名自性自度？即自心中邪见、烦恼、愚痴众生，将正见度。既有正见，使般若智打破愚痴迷妄众生，各各自度。邪来正度，迷来悟度，愚来智度，恶来善度。如是度者，名为真度。

又，烦恼无边誓愿断，将自性般若智除却虚妄思想心是也。又，法门无尽誓愿学，须自见性，常行正法，是名真学。又，无上佛道誓愿成，既常能下心，行于真正，离迷离觉，常生般若。除真除妄，即见佛性，即言下佛道成。常念修行，是愿力法。

第三是发四弘誓愿。这是一切菩萨初发心时必发的总愿，所愿广大为弘，自制其心为誓，志求满足为愿，内容为"众生无边誓愿度，烦恼无尽誓愿断，法门无量誓愿学，佛道无上誓愿成"。那么，《坛经》又是如何阐述四弘誓愿及其修行的呢？

"善知识！既忏悔已，与善知识发四弘誓愿，各须用心正听。"六祖对大众说：善知识，忏悔之后，接着我们一起来发四弘誓愿，你们要认真聆听。用心，就是与心相应，信受奉行，不仅仅是听见声音或听懂意思而已。

"自心众生无边誓愿度，自心烦恼无边誓愿断，自性法门无尽誓愿学，自性无上佛道誓愿成。"四弘誓愿，是菩萨道修行的共同誓愿，是大乘行者必须具备的愿力。《坛经》中的四弘誓愿，比通常所说的每句加了两个字，分别是"自心"和"自性"。因为众生和烦恼没有离开我们的心，法门和佛道也没有离开我们的自性，否则就没有众生可度，也没有佛道可成。

"善知识！大家岂不道众生无边誓愿度？恁么道，且不是惠能度。"善知识，大家都说众生无边誓愿度，其实，并不是叫惠能来度。六祖在此说明的，是顿教"自性自度"之理。也就是说，每个人都是由体认觉性，完成生命的自我解脱。无论佛菩萨还是祖师，只是帮助我们证悟觉性的老师，但不能直接救度我们，更不能代替我们解脱。

"善知识！心中众生，所谓邪迷心、诳妄心、不善心、嫉妒心、恶毒心，如是等心尽是众生。"心中众生，就是众生心，凡夫心。只要我们还是凡夫，就会有众生心，即迷失觉性后产生的种种迷妄心理，包括邪迷、诳妄、不善、嫉妒、恶毒等。所有这些心理都是我们心中形形色色的众生。如果没有它们，我们就不是众生而是佛菩萨了。

"各须自性自度，是名真度。"所以，度众生首先要从内心入手，解除自身的不良心理，这才是真正的度众生。如果不能度化这些众生，又何以度化其他众生？

"何名自性自度？即自心中邪见、烦恼、愚痴众生，将正见度。"什么叫作自性自度？就是自己度化自己，以觉性完成自我解脱，以正见度化内心的邪见、烦恼、愚痴。无始以来，这些众生和我们朝夕相处，不离不弃，所以首先要度化它们。

"既有正见，使般若智打破愚痴迷妄众生，各各自度。"既然有了般若正见，就能以此破除愚痴迷妄的心理。这里所说的众生，就是一种众生相，即以上指出的种种不良心理。当觉性智慧启动时，这些心理就没有立足之地了，就能一一得到度化。

"邪来正度，迷来悟度，愚来智度，恶来善度。如是度者，名为真度。"如果内心有邪见，就以正见度化；如果内心有迷惑，就以觉悟度化；如果内心有愚痴，就以智慧度化；如果内心有恶念，就以善念度化。这才是真正的度化，不仅对内心的众生有效，对外在的众生同样有效。

"又，烦恼无边誓愿断，将自性般若智除却虚妄思想心是也。"什么叫烦恼无边誓愿断？就是以自性本具的般若智慧，断除种种妄念、思虑，这是一切烦恼的源头。有道是，"天下本无事，庸人自扰之"。因为无明，我们的想法往往是颠倒错误的，结果就会越想越烦，越想越累。所以，断除烦恼也要从这里着手。

"又，法门无尽誓愿学，须自见性，常行正法，是名真学。"什么叫法门无量誓愿学？真正要学的就是见性。因为三藏十二部都是佛陀觉性海的流露，一旦见性，也就把握了一切法门的根本，时时与法相应，依法而行。如果仅仅停留在书本，停留在名相，那是把佛法当作知识来学，与修行了不相干。

"又，无上佛道誓愿成，既常能下心，行于真正，离迷离觉，常生般若。除真除妄，即见佛性，即言下佛道成。"什么是佛道无上誓愿成？成佛不是成就外在的什么，而是体认内在的觉性。若能时时保持谦下之心，安住真实理地，超越迷妄和有造作的觉照，就能生起般若智慧。在学佛之初，有一个去妄存真的过程，但最终还是要超越真和妄的二元对待，既去除所谓的妄，也去除所谓的真，才能由此见到佛性。而在见到佛性的当下，就是证佛所证。

"常念修行，是愿力法。"时时按此修行，才能真正实践四弘誓愿。在修行过程中，愿力非常重要。保持愿力，才能保持前行的方向，保持精进不懈的动力，否则很容易随业流转，不知去向，或是后继乏力，半途而废。

# 四、无相三皈戒

善知识！今发四弘愿了，更与善知识授无相三皈依戒。善知识！皈依觉，两足尊；皈依正，离欲尊；皈依净，众中尊。从今日去，称觉为师，更不皈依邪魔外道，以自性三宝常自证明。劝善知识皈依自性三宝，佛者觉也，法者正也，僧者净也。自心皈依觉，邪迷不生，少欲知足，能离财色，名两足尊。自心皈依正，念念无邪见，以无邪见故，即无人我、贡高、贪爱、执著，名离欲尊。自心皈依净，一切尘劳爱欲境界，自性皆不染著，名众中尊。若修此行，是自皈依。凡夫不会，从日至夜，受三皈戒。若言皈依佛，佛在何处？若不见佛，凭何所归？言却成妄。

善知识！各自观察，莫错用心。经文分明言自皈依佛，不言皈依他佛。自佛不归，无所依处。今既自悟，各须皈依自心三宝。内调心性，外敬他人，是自皈依也。"

三宝有住持三宝、化相三宝、自性三宝之分。通常，是以佛陀、佛法及佛弟子作为三宝，或以佛像、经书、僧人作为三宝。但我们要知道，皈依的最终目的，不是寻找一个外在依靠。而是通过外在的三宝，帮助我们成就内在的三宝，也就是《坛经》所说的自性三宝。六祖为大众传授的，正是直接体认自性三宝的无相三皈。

"善知识！今发四弘愿了，更与善知识授无相三皈依戒。"六祖对大众说：善知识，现在已经发了四弘誓愿，接着还要再给各位传授无相三皈戒。因为三皈是一切戒律的根本，在传授五戒、八戒乃至沙弥戒、具足戒时，都要传授三皈，从皈依获得戒体。同时，三皈本身也包含戒的内容，即"皈依佛，终不皈依邪魔外道；皈依法，终不皈依外道典籍；皈依僧，终不皈依外道邪众"。

"善知识！皈依觉，两足尊。"佛是代表圆满的觉悟，所以皈依佛就是皈依觉性。两足尊为佛的尊号，因佛在两足有情中最尊最贵而得名，同时也指福慧两足等。

"皈依正，离欲尊。"正就是正法、正道。皈依法就是皈依导向解脱的正道。通过修习正道，可以使我们远离欲望，内心寂静。

"皈依净，众中尊。"僧为清净和合之意。皈依僧就是皈依僧人具有的清净和合的品质。正是因为这种品质，他们才能续佛慧命，并作为人天师表，得到大众的尊重敬仰。

"从今日去，称觉为师，更不皈依邪魔外道，以自性三宝常自证明。"从今天起，我们应该以佛陀证得的觉性为师，不再皈依邪魔外道，并时时体证自性三宝。只有这样，才能因为对觉性的体认，对佛法生起坚定不移的信心，对人人本具成佛潜质生起坚定不移的信心。

"劝善知识皈依自性三宝，佛者觉也，法者正也，僧者净也。"希望各位善知识都能皈依自性三宝，佛是代表圆满的觉悟，法是代表解脱的正道，僧是代表清净的品质。

"自心皈依觉，邪迷不生，少欲知足，能离财色，名两足尊。"觉，是三世诸佛和一切众生共同具有的平等觉性。我们在内心皈依觉性，以觉性为依止，以觉性为归宿，自然不会产生邪见和迷惑。同时还能少欲知足，远离对财富和色相的贪爱，所以被称为两足尊。

"自心皈依正，念念无邪见，以无邪见故，即无人我、贡高、贪爱、执著，名离欲尊。"正，是导向解脱，导向菩提的正见。我们在内心皈依正见，安住于正见，自然念念没有邪见，不会产生人相、我相及贡高、贪爱、执著等种种烦恼，进而远离所有的欲望和不良心理，所以被称为离欲尊。

"自心皈依净，一切尘劳爱欲境界，自性皆不染著，名众中尊。"净，就是清净和合，既是僧人应有的品质，也是觉悟本体的特征。我们在内心皈依清净无染的觉性，自然不会被世间五欲尘劳的境界所染。因为身心清净，就会受到大众的尊重，所以被称为众中尊。

"若修此行，是自皈依。凡夫不会，从日至夜，受三皈戒。"如果能够这样修行，就是皈依自性三宝。凡夫不懂得其中原理，不知佛法最终是指向内心，从早到晚只知向外求受三皈。须知，学法的重点不在别处，就在我们内心。无论是皈依三宝，还是闻思经教，目的都是帮助我们了解自己，开发内在的自性三宝。如果偏离这个重点向外追逐，无疑是舍本逐末。

"若言皈依佛，佛在何处？若不见佛，凭何所归？言却成妄。"如果仅仅皈依外在的佛，那么佛在哪里？如果看不到佛，这个皈依凭什么而建立？凭什么对皈依对象生起信心？很容易成为一种说法。此处，六祖是针对多数人执著于外在皈依而忽略内在三宝所说，是有针对性的。但我们千万不要误解祖师的用心，须知，忽略外在皈依同样是会出问题的。不皈依外在三宝，不依法修学，又何以认识内在三宝？这是一个内外兼修的过程，不可偏废。

"善知识！各自观察，莫错用心。"善知识，大家要认真观察皈依的真意所在，这样才能了解修行的根本，千万不要用错了心。

"经文分明言自皈依佛，不言皈依他佛。自佛不归，无所依处。"经中分明说的是自皈依佛，没有说皈依外在的佛。如果不皈依众生本具的佛性，还有什么是皈依处？仅仅祈求佛菩萨保佑，把佛菩萨当作偶像崇拜，是不可能因此解脱的。佛陀只是给我们指出修行的目标和方法，但不能代替我们修行，真正的解脱只能靠自己。

"今既自悟，各须皈依自心三宝。内调心性，外敬他人，是自皈依也。"现在我们已经领悟到这一点，就要皈依自性三宝，向内调伏心性，向外恭敬他人，这才是真正的皈依。调伏心性，是为了见到心的本来面目，这才是真正的皈依处。外敬他人，是因为一切众生本自具足佛性。这是与十方三世诸佛同等的佛性，不因为现在是凡夫就减少一点，也不因为证得圣道圣果就增加一点。既然每个众生都有佛性，难道我们不应该恭敬吗？

# 五、自性三身佛

善知识！既皈依自三宝竟，各各志心，吾与说一体三身自性佛，令汝等见三身，了然自悟自性。总随我道：于自色身皈依清净法身佛，于自色身皈依圆满报身佛，于自色身皈依千百亿化身佛。

善知识！色身是舍宅，不可言归。向者三身佛在自性中，世人总有。为自心迷，不见内性。外觅三身如来，不见自身中有三身佛。汝等听说，令汝等于自身中见自性有三身佛。此三身佛从自性生，不从外得。

何名清净法身佛？世人性本清净，万法从自性生。思量一切恶事，即生恶行。思量一切善事，即生善行。如是诸法在自性中，如天常清，日月常明，为浮云盖覆，上明下暗。忽遇风吹云散，上下俱明，万象皆现。世人性常浮游，如彼天云。善知识！智如日，慧如月，智慧常明。于外著境，被妄念浮云盖覆自性，不得明朗。若遇善知识，闻真正法，自除迷妄，内外明彻，于自性中，万法皆现。见性之人亦复如是，此名清净法身佛。

善知识！自心皈依自性，是皈依真佛。自皈依者，除却自性中不善心、嫉妒心、谄曲心、吾我心、诳妄心、轻人心、慢他心、邪见心、贡高心及一切时中不善之行。常自见己过，不说他人好恶，是自皈依。常须下心，普行恭敬，即是见性通达，更无滞碍，是自皈依。

何名圆满报身？譬如一灯能除千年暗，一智能灭万年愚。莫思向前，已过不可得。常思于后，念念圆明，自见本性。善恶虽殊，本性无二。无二之性，名为实性。于实性中不染善恶，此名圆满报身佛。自性起一念恶，灭万劫善因；自性起一念善，得恒沙恶尽。直至无上菩提，念念自见，不失本念，名为报身。

何名千百亿化身？若不思万法，性本如空。一念思量，名为变化。思量恶事，化为地狱。思念善事，化为天堂。毒害化为龙蛇，慈悲化为菩萨，智慧化为上界，愚痴化为下方。自性变化甚多，迷人不能省觉，念念起恶，常行恶道。回一念善，智慧即生。此名自性化身佛。

善知识！法身本具，念念自性自见，即是报身佛。从报身思量，即是化身佛。自悟自修，自性功德，是真皈依。皮肉是色身，色身是宅舍，不言皈依也。但悟自性三身，即识自性佛。

佛有法、报、化三身。法身，又名自性身或法性身，是诸佛所证的真如法性之身。报身，是诸佛福慧功德圆满时所显现的自受用内证法乐之身，亦是完成佛果之身。化身，又名应化身或变化身，是佛为了救度众生而变化应现之身。从《坛经》的见地来看，三身佛都是觉悟本体的不同作用，是一体无别的。一旦证得觉性，即能成就三身。

"善知识！既皈依自三宝竟，各各志心，吾与说一体三身自性佛，令汝等见三身，了然自悟自性。"六祖为大众开示说：善知识，你们既然已经皈依了自性三宝，还须各自专心谛听，我将为你们开显三身佛实为一体的原理，使大家从自性认识法报化三身。也就是说，三身佛本来就在我们身心之内，而不是外在的，高高在上的。

"总随我道：于自色身皈依清净法身佛，于自色身皈依圆满报身佛，于自色身皈依千百亿化身佛。"你们跟着我一起说：于自己内在身心体认清净法身佛，于自己内在身心体认圆满报身佛，于自己内在身心体认千百亿化身佛。

"善知识！色身是舍宅，不可言归。"前面说到"于自色身皈依"，所以六祖又特别提醒我们说：善知识，我们这一期的色身就像房子，是有使用期限的，不能作为终极归宿。所以，千万不要以为皈依自性三宝就是皈依这个色身，那就大错特错了。

"向者三身佛在自性中，世人总有。为自心迷，不见内性。外觅三身如来，不见自身中有三身佛。"法身、报身、化身从来就在我们的自性中。世人只是因为无明迷惑，不能从内心体认菩提自性，所以向外寻找三身如来。却不曾看到，三身佛不在天边，也不在大殿，而是每个生命本自具足的。

"汝等听说，令汝等于自身中见自性有三身佛。此三身佛从自性生，不从外得。"你们听闻这一教法之后，就要向内心体认，见到自己本来具有的法、报、化三身佛。这个三身佛是从自性显现的，不是向外求得的，也不是另外修成的。

"何名清净法身佛？世人性本清净，万法从自性生。思量一切恶事，即生恶行。思量一切善事，即生善行。"什么叫作清净法身佛？法身偏向于空性，是世人本自具足的清净觉性。它是本来清净的，但又能从空出有，出生一切万法。因为具有这个功能，所以，思惟一切恶事，就会生起恶行；思惟一切善事，就会生起善行。

"如是诸法在自性中，如天常清，日月常明，为浮云盖覆，上明下暗。"虽然在意识层面是有善有恶的，但这只是迷惑系统的显现。不论怎么显现，自性都是本来清净的。就像万里无云的晴空，日月始终都是光明的，只是被浮云遮蔽，才会形成上明下暗的状况。

"忽遇风吹云散，上下俱明，万象皆现。"如果遇到一阵大风吹开乌云，那就上下都是晴空，宇宙万有，一切都能清晰地显现出来。

"世人性常浮游，如彼天云。"凡夫被无明所惑，心性不定，忽明忽暗，就像布满云层的天际。虽然背后是湛然澄澈的虚空，但眼前看到的，却是满满的乌云。

"善知识！智如日，慧如月，智慧常明。"善知识，我们内在的智慧就像日月一样，时时都在放光。就像地球有白天黑夜，但并不是因为太阳有明有暗，而是地球自转和围绕太阳公转时产生的不同角度所造成。不论何时，太阳始终还是那个太阳，只是我们没有看到而已。

"于外著境，被妄念浮云盖覆自性，不得明朗。"我们的菩提自性时时都在六根门头放光，只是因为心总在向外追逐，执著于这样那样的境界，就被妄念的浮云所遮蔽，使我们看不分明。

"若遇善知识，闻真正法，自除迷妄，内外明彻，于自性中，万法皆现。"如果遇到明眼善知识，听闻佛法真义，就有能力自己解除迷妄，明心见性。如此，身心内外将是一片光明，使自性的无量妙用都能显现出来。

"见性之人亦复如是，此名清净法身佛。"见性的人也是这样，这就是清净法身佛。也就是说，只要我们扫除迷惑，体认觉性，即可于自身成就清净法身佛。

"善知识！自心皈依自性，是皈依真佛。"善知识，皈依这个清净无染的自性，才是皈依真正的佛。佛陀对世界最大的贡献，是发现一切众生皆有如来智慧德相，并为我们指出开启宝藏的方法。所以，皈依外在三宝的目的，正是为了破迷开悟，找到生命内在本自具足的究竟皈依处。

"自皈依者，除却自性中不善心、嫉妒心、谄曲心、吾我心、诳妄心、轻人心、慢他心、邪见心、贡高心及一切时中不善之行。"皈依自性，是要断除由无明衍生的不善、嫉妒、谄曲、人我是非、欺诳妄语、轻慢他人、邪知邪见、贡高我慢及一切时中的不良行为，这些都是遮蔽自性光明的乌云。只有驱散乌云，才能使觉性大放光明，普照天地。

"常自见己过，不说他人好恶，是自皈依。"经常观察自己的过失，而不是带着分别心，议论别人的是非曲直，才是自皈依。真正懂得修行的人，都是向内观照的。如果拿着照妖镜到处照别人，根本就没找到修行的入手处。

"常须下心，普行恭敬，即是见性通达，更无滞碍，是自皈依。"常常保有谦下之心，对一切人常行恭敬，就能见到自己的觉悟本性，没有任何滞碍，这就是自皈依。《坛经》中，六祖多处强调谦下的重要性。作为学佛人，要学会恭敬别人，这样可以帮助我们去除我慢，弱化我执，有助于见性。

"何名圆满报身？譬如一灯能除千年暗，一智能灭万年愚。"在《坛经》中，圆满报身主要指的是智慧。什么叫作圆满报身？就像点亮一盏灯，就能驱除千年黑暗。当一念般若智慧在内心生起，就能灭除无始以来的无明愚痴。

"莫思向前，已过不可得。常思于后，念念圆明，自见本性。"我们不要追忆过去的事情，因为过去的一切都已经过去。关键是要观照当下的每一念，不让一念空过。这样的话，就能念念安住于觉照，见到自己的清净本性。

"善恶虽殊，本性无二。无二之性，名为实性。"在意识层面虽然有善有恶，但在觉性层面是超越善恶的。因为一切法的本质都是空性，所以超越善恶，超越一切二元对待，这就叫作诸法实相。

"于实性中不染善恶，此名圆满报身佛。"这个安住于觉性的般若智慧，是不会被善恶诸法染污的，就称为圆满报身佛。六祖在另一处也讲到三身："清净法身，汝之性也；圆满报身，汝之智也；千百亿化身，汝之行也。"清净法身指的是空性，圆满报身指的是智慧，千百亿化身指的是行为。我们真正体认到般若智慧，即成就圆满报身。

"自性起一念恶，灭万劫善因；自性起一念善，得恒沙恶尽。"如果迷失自性，哪怕只是生起一念之恶，也会障碍万劫以来的善因。如果安住清净自性，哪怕只是生起一念之善，也将灭除恒河沙数的恶因。

"直至无上菩提，念念自见，不失本念，名为报身。"从现在起直到无上菩提，念念都能见到觉悟本体，安住于觉悟本体，不迷失觉悟本体，就叫作圆满报身。

"何名千百亿化身？若不思万法，性本如空。一念思量，名为变化。"什么叫作千百亿化身？主要是指意识行为。如果不去分别万法，觉性本身是空寂的。但只要生起一念妄想分别，意识就会发展出善恶诸法以及世间的一切变化。

"思量恶事，化为地狱。思念善事，化为天堂。"我们想到恶事的时候，就会招感地狱的显现；我们想到善事的时候，就会招感天堂的显现。生活中，我们应该有这样的经验：当内心充满嗔恨等负面心理时，那种痛苦折磨，何异地狱？而当内心充满慈悲等正面心理时，那种欢喜、祥和、调柔，就如身处天堂。

"毒害化为龙蛇，慈悲化为菩萨，智慧化为上界，愚痴化为下方。"我们产生毒害之心的时候，就会化身为龙蛇；生起慈悲之心的时候，就会化身为菩萨；具足智慧的时候，就会成就圣贤的品质；愚痴不化的时候，就会转化为六道众生。这个化，不是说色身立刻就变成龙蛇，而是各种心行最终会成就相应的品质。

"自性变化甚多。"觉性能生万法。对凡夫来说，一旦迷失本性。就会产生种种妄想，引发种种行为，进而带来与此相应的生命结果。佛菩萨证得根本智后，会进而成就差别智，随类化身，示现无量方便，这都属于千百亿化身。包括佛陀开示八万四千法门，观音菩萨三十二应，都没有离开觉性的作用。

"迷人不能省觉，念念起恶，常行恶道。回一念善，智慧即生，此名自性化身佛。"愚痴者不能了知其中真义，念念都会生起不良心理，由此发展出我执烦恼，从而与恶道相应。一旦回观反照，体认内在觉性，智慧由此产生，这就叫作自性化身佛。

"善知识！法身本具，念念自性自见，即是报身佛。从报身思量，即是化身佛。"善知识，在法报化三身中，法身是本自具足的。如果能在念念中见到自己的觉悟本体，就属于报身佛。从报身的智慧中，针对众生差别演说种种法门，示现种种身相，就属于化身佛。

"自悟自修，自性功德，是真皈依。"能够自己证悟、修习并成就觉性所具足的功德，才是真正的皈依。佛教不同于神教，皈依不是为了找一个外在的依靠，而是由此成就佛菩萨所具备的大慈悲和大智慧，是通过皈依成就自身本具的三宝。这样的皈依，不仅需要信，更需要行，需要证。

"皮肉是色身，色身是宅舍，不言皈依也。但悟自性三身，即识自性佛。"但不要以为自性就是现前这个身体，皮肉构成的只是色身，只是我们此生居住的房舍，不能作为真正的皈依处。只有悟到自性显现的法报化三身佛，才能体认自身本具的佛性。

# 六、无相颂

吾有一无相颂，若能诵持，言下令汝积劫迷罪一时消灭。颂曰：

迷人修福不修道，只言修福便是道。布施供养福无边，心中三恶元来造。

拟将修福欲灭罪，后世得福罪还在。但向心中除罪缘，各自性中真忏悔。

忽悟大乘真忏悔，除邪行正即无罪。学道常于自性观，即与诸佛同一类。

吾祖唯传此顿法，普愿见性同一体。若欲当来觅法身，离诸法相心中洗。

努力自见莫悠悠，后念忽绝一世休。若悟大乘得见性，虔恭合掌至心求。

师言："善知识！总须诵取，依此修行。言下见性，虽去吾千里，如常在吾边。于此言下不悟，即对面千里，何勤远来？珍重，好去！"一众闻法，靡不开悟，欢喜奉行。

接着，还是以一段"无相颂"作为本品的结束。

"吾有一无相颂，若能诵持，言下令汝积劫迷罪一时消灭。"六祖说：我有一首"无相颂"，如果能依此修行，当下就可令你们无始以来积集的罪业一起断除。

"迷人修福不修道，只言修福便是道。"愚痴者只是向外追求福报，却不懂得体认内在觉性，甚至还说什么修福就是修道。这是一种极大的误解，自性若迷，福何可救？

"布施供养福无边，心中三恶元来造。"虽然广行布施，广修供养，积累了很多福报，也做了很多善行，却不懂得改变内心，依然充满贪嗔痴三毒，由此造作诸多恶业。现实中，这样的情况大有人在，虽然乐于布施供养，却不愿通过佛法调整心行，以为在吃喝玩乐的同时做一点好事，就是世间最完美的双全法了。

"拟将修福欲灭罪，后世得福罪还在。"还有人以为自己修了很多福报，可以因此抵消罪业。到了后世，福报固然在，罪业同样也在。换言之，福报和罪业是无法互相取代的。在享受善业带来的乐果时，也避免不了恶业带来的苦果。

"但向心中除罪缘，各自性中真忏悔。"想要究竟解除罪业，关键是从内心认识除罪的缘，安住在觉性光明中，以此动摇罪业产生的根本，并发愿永不再造，这才是真正的忏悔。

"忽悟大乘真忏悔，除邪行正即无罪。"只有真正悟入大乘顿教法门后，才是至高无上的忏悔，进而断除邪见，安住正见，常修正行，自然不再造作罪业。

"学道常于自性观，即与诸佛同一类。"学佛，关键是要时时体认并安住于觉性，这样就能证佛所证，与三世诸佛心心相印。

"吾祖唯传此顿法，普愿见性同一体。"禅宗历代祖师所传承的，就是这个直指人心的顿教法门，普愿法界众生都能因此明心见性，证得与诸佛共同的、无二无别的法身。

"若欲当来觅法身，离诸法相心中洗。"如果想要证得法身，就要超越对种种法相的执著，使内心由执著带来的烦恼尘垢得以清洗。

"努力自见莫悠悠，后念忽绝一世休。"在这个问题上，我们要常行精进，为见道不懈努力，千万不要悠悠晃晃地过日子。一口气不来，今生就没有机会了。来生会去哪里？我们一点把握都没有。

"若悟大乘得见性，虔恭合掌至心求。"若能悟入大乘顿教法门，即可明心见性。所以，我们要以虔诚心恭敬求法，有一分恭敬，就能得一分佛法利益。

"师言：善知识！ 总须诵取，依此修行。言下见性，虽去吾千里，如常在吾边。"六祖叮嘱大众说：善知识，对于这首偈颂内容，你们要认真诵读并牢记，按照其中的指引修行。如果能够言下见性，虽然离我有千里之遥，或是与我相隔千载，也等于常随在我身边。因为所证相同，所见相同，就不受时空阻隔。

"于此言下不悟，即对面千里，何勤远来？ 珍重，好去！"如果听闻后没有任何领悟，没有任何感觉，即使坐在我的对面，也是相隔千里，咫尺天涯，又何必那么费力地远道而来？ 请各位善自珍重，好好回去修行。

"一众闻法，靡不开悟，欢喜奉行。"大众听闻六祖的开示之后，无不有所领悟，心生欢喜，发愿依教奉行。

《忏悔品》中，六祖讲述了五分法身、无相忏悔、四弘誓愿、无相三皈戒、自性三身佛等修行内容。这些本是佛教的常规修行，但立足于觉性而修，就有了不同寻常的高度。我们学习《坛经》，重点是要了解它的见地，由此认识各个法门的内涵。事实上，不论什么法门，只要立足于觉性，都会成为顿教法门。换言之，关键不是在于修什么，而是在于怎么看，怎么修。

# 【机缘品第七】

启动
内在智慧的
钥匙

《机缘品》介绍的，是六祖接引弟子的一些典型案例。其中，有些弟子是带着问题，在六祖开导下疑惑顿消，明心见性。还有一些弟子是已经开悟，来请六祖为之印证。这些案例不仅生动反映了六祖的教化特色，还针对具体问题阐述法义，对于我们深入理解《坛经》并依此修行，是大有启发和帮助的。

# 一、接引无尽藏尼，说诸佛义理非关文字

师自黄梅得法，回至韶州曹侯村，人无知者。有儒士刘志略，礼遇甚厚。志略有姑为尼，名无尽藏，常诵《大涅槃经》。师暂听，即知妙义，遂为解说。尼乃执卷问字。

师曰："字即不识，义即请问。"

尼曰："字尚不识，焉能会义？"

师曰:"诸佛妙理,非关文字。"

尼惊异之,遍告里中耆德云:"此是有道之士,宜请供养。"

有魏武侯玄孙曹叔良及居民竞来瞻礼。时宝林古寺,自隋末兵火已废。遂于故基,重建梵宇,延师居之。俄成宝坊。

师住九月余日,又为恶党寻逐。师乃遁于前山,被其纵火焚草木。师隐身挨入石中得免。石今有师跌坐膝痕及衣布之纹,因名避难石。师忆五祖怀会止藏之嘱,遂行隐于二邑焉。


第一个事例,是对无尽藏比丘尼的开示,说法要义为"诸佛义理非关文字"。

"师自黄梅得法,回至韶州曹侯村,人无知者。有儒士刘志略,礼遇甚厚。"六祖自黄梅五祖那里得到顿教法门的传承后,在猎队躲了十多年,后来回到韶州曹侯村,人们都不了解他的身份和修为。当时有位叫刘志略的读书人,对六祖很是恭敬和优待。

"志略有姑为尼,名无尽藏,常诵《大涅槃经》。"刘志略有个姑姑出家为尼,名叫无尽藏,经常读诵《大涅槃经》。

"师暂听,即知妙义,遂为解说。尼乃执卷问字。"六祖听到无尽藏尼所诵的《大涅槃经》后,立刻了知经中蕴含的深意,就为她解说法义。无尽藏尼就拿着经卷,向六祖请教《大涅槃经》中不认识的字。

"师曰:字即不识,义即请问。"六祖说:字我是不认识的,义理方面有什么不懂,可以问我。

"尼曰:字尚不识,焉能会义?"无尽藏尼大为惊讶:文字尚且不认识，怎么可能懂得其中奥义呢？其实，义理和文字虽然有关，但不是绝对的，就像智慧高低和读书多少也没有必然关系。虽然多数人是通过文字去领会义理，但也有些人可以通过其他方式了知。六祖之所以能一闻便知，一方面是因为宿根深厚，一方面是因为他已见性，这些义理都是他亲证亲见，有如探囊取物一般。即使有些经典以前未曾读过，但佛佛道同，法法平等，在核心问题上都是相通的。

"师曰：诸佛妙理，非关文字。"六祖告诉她说：诸佛所说的最高真理是超越文字的，不是必须通过文字来认识。我们知道，禅宗是佛陀在灵山会上拈花微笑，以此传佛心印，而不是说上一大堆道理。当然，禅宗也不排斥文字。只是因为凡夫执著于文字相，尤其是学教的人，往往会把认知停留在义理而非实相。事实上，透过文字去认识法义，本身就有隔阂。古人也说：书不尽言，言不尽意。世间法尚且如此，何况是对无上真理，文字所能表达的就更为有限了。所以禅宗为了破除执著，会以更直接的教化方式进行引导。

"尼惊异之，遍告里中耆德云：此是有道之士，宜请供养。"耆德，年高德劭、素孚众望者之称。无尽藏尼大为惊讶，遍告当地有德者说：这位是得道之士，我们应该请他来加以供养。

"有魏武侯玄孙曹叔良及居民竞来瞻礼。"当时有一位曹叔良，是魏武侯的玄孙，和当地百姓都来礼敬六祖。

"时宝林古寺，自隋末兵火已废。遂于故基，重建梵宇，延师居之。俄成宝坊。"俄，短时间。宝坊，对寺院的美称。当时有座宝林古寺，经隋末兵火洗劫后已经废弃。他们就在遗址上重新修建佛寺，请六祖前去住持。很快，宝林寺就成为重要道场了。

"师住九月余日，又为恶党寻逐。师乃遁于前山，被其纵火焚草木。师隐身挨入石中得免。"六祖在宝林寺住了九个多月，又被那些出于嫉妒而想加害他的恶党追逐。所以就藏匿到前山中，不想，恶党还在山中纵火焚烧草木。六祖躲入岩石缝隙隐身，才得以幸免。

"石今有师趺坐膝痕及衣布之纹，因名避难石。"岩石上至今还有六祖盘腿趺坐时留下的双膝痕迹及衣服布纹，这块石头因此被称为"避难石"。

"师忆五祖怀会止藏之嘱，遂行隐于二邑焉。"邑，古代指县。遭遇此事后，六祖想起当年五祖"逢怀则止，逢会则藏"的嘱咐，就隐修于四会和怀集两地。

# 二、接引法海，说即心是佛

僧法海，韶州曲江人也。初参祖师，问曰："即心即佛，愿垂指谕。"

师曰："前念不生即心，后念不灭即佛。成一切相即心，离一切相即佛。吾若具说，穷劫不尽，听吾偈曰：即心名慧，即佛乃定。定慧等持，意中清净。悟此法门，由汝习性。用本无生，双修是正。"

法海言下大悟，以偈赞曰："即心元是佛，不悟而自屈。我知定慧因，双修离诸物。"

第二个事例，是接引法海，教化内容是关于"即心即佛"的开示。法海是六祖的重要弟子之一，也是《坛经》的记录者。在《坛经》的诸多版本中，最早传世的就是"法海本"。

"僧法海，韶州曲江人也。初参祖师，问曰：即心即佛，愿垂指谕。"垂，敬辞，用于长者对自己的行动。指，同旨，意义。谕，使人知道。僧人法海是韶州曲江一带的人，他初次参拜六祖时，请教说："即心即佛究竟是什么意思？请您给予指点，使我明白其中妙义。"

"师曰：前念不生即心，后念不灭即佛。"六祖开示说：前面这个念头不攀缘，不粘著，念而无念，就是真心的作用。然后安住于这一状态不迷失，不动摇，这个不生不灭的就是佛性的显现。即心即佛正是这样一个"心"，可我们现有的只是妄心、众生心、凡夫心。

"成一切相即心，离一切相即佛。"能够成就一切相的，是心的作用，因为它能生万法。如果在成就一切相的同时，又能离一切相，不住于一切相，就是佛性的作用。反之，凡夫在成一切相的同时，就会对相产生执著，此为妄心妄用。

"吾若具说，穷劫不尽，听吾偈曰。"如果我要完整开显其中原理，哪怕用长达一劫的时间也说不尽。下面还是听我说一首偈颂。

"即心名慧，即佛乃定。"即心的心，是慧的作用。因为心有抉择、观照、朗照无住的特点，所以这个心的当下就是慧。即佛的佛，为如如不动之意，这是定的特征。所以，觉性具有定和慧的特点。从作用上，是慧的特点；从本体上，是定的特点。

"定慧等持，意中清净。"等持，定的别名，心安住一境而平等相续。依《坛经》的见地，定和慧都是建立在觉悟本体上，如如不动的特点是定，朗照无住的特点是慧。当我们安住于觉悟本体，就同时具足了定和慧，并使这一状态念念相续，内心自然清净无染。

"悟此法门，由汝习性。"了悟"即心即佛"的顿教法门，需要有宿世修习的根机，否则是很难的。

"用本无生，双修是正。"即心即佛的心和佛，是本自具足，不生不灭的。二者同时具足，才是顿教法门所说的定慧。若有慧无定，即是狂慧；若有定无慧，即是有体无用。

"法海言下大悟，以偈赞曰：即心元是佛，不悟而自屈。"法海听到这首偈颂后大彻大悟，也说了一首偈颂加以赞叹。原来心的本质就是佛，我们没能悟到心中这个本自具足的佛，实在是枉度人生。就像《法华经》说的贫女宝藏、力士额珠，我们本来都有无尽宝藏，却一无所知，四处流浪乞讨，岂不冤枉。

"我知定慧因，双修离诸物。"现在我了解到心的本质就是佛，就是定和慧建立的基础。只有定慧双运，才能完整体认觉性，远离一切迷妄和执著。

即心即佛，后来成为顿教一系重要的修行内容。马祖接引学人，也是用"即心即佛"。大梅法常禅师得到这个指示，就住山参究去了。过了一段时间，马祖派另一门人前去试探说："马祖现在说的是非心非佛，不是即心即佛了。"大梅的回答是："任你们非心非佛，我只管即心即佛。"马祖听到这个回答后表示赞许，称"梅子熟也"。其实，即心即佛或非心非佛都是方便说。把觉悟本体叫作心，或叫作佛，也都是假名安立，实质是"说似一物即不中"。

# 三、接引法达，说《法华经》开佛知见

僧法达，洪州人。七岁出家，常诵《法华经》。来礼祖师，头不至地。

祖诃曰："礼不投地，何如不礼。汝心中必有一物，蕴习何事耶？"

曰："念《法华经》已及三千部。"

祖曰："汝若念至万部，得其经意，不以为胜，则与吾偕行。汝今负此事业，都不知过。听吾偈曰：礼本折慢幢，头奚不至地。有我罪即生，亡功福无比。"

师又曰："汝名什么？"曰："法达。"

师曰："汝名法达，何曾达法？"复说偈曰："汝今名法达，勤诵未休歇。空诵但循声，明心号菩萨。汝今有缘故，吾今为汝说。但信佛无言，莲华从口发。"

达闻偈，悔谢曰："而今而后，当谦恭一切。弟子诵《法华经》，未解经义，心常有疑。和尚智慧广大，愿略说经中义理。"

师曰："法达，法即甚达，汝心不达。经本无疑，汝心自疑。汝念此经，以何为宗？"

达曰："学人根性暗钝，从来但依文诵念，岂知宗趣？"

师曰："吾不识文字，汝试取经诵一遍，吾当为汝解说。"

法达即高声念经，至譬喻品，师曰："止！此经元来以因缘出世为宗，纵说多种譬喻，亦无越于此。何者因缘？经云：诸佛世尊唯以一大事因缘出现于世。一大事者，佛之知见也。世人外迷著相，内迷著空。若能于相离相，于空离空，即是内外不迷。若悟此法，一念心开，是为开佛知见。

佛犹觉也，分为四门：开觉知见，示觉知见，悟觉知见，入觉知见。若闻开示便能悟入，即觉知见，本来真性而得出现。汝慎勿错解经意，见他道开示悟入，自是佛之知见，我辈无分。若作此解，乃是谤经毁佛也。彼既是佛，已具知见，何用更开？汝今当信，佛知见者，只汝自心，更无别佛。盖为一切众生自蔽光明，贪爱尘境，外缘内扰，甘受驱驰。便劳他世尊从三昧起，种种苦口，劝令寝息，莫向外求，与佛无二，故云开佛知见。

吾亦劝一切人，于自心中，常开佛之知见。世人心邪，愚迷造罪。口善心恶，贪嗔嫉妒，谄佞我慢，侵人害物，自开众生知见。若能正心，常生智慧，观照自心，止恶行善，是自开佛之知见。汝须念念开佛知见，勿开众生知见。开佛知见，即是出世。开众生知见，即是世间。汝若但劳劳执念，以为功课者，何异牦牛爱尾？"

达曰："若然者，但得解义，不劳诵经耶？"

师曰："经有何过，岂障汝念？只为迷悟在人，损益由己。口诵心行，即是转经。口诵心不行，即是被经转。听吾偈曰：

心迷法华转，心悟转法华。诵经久不明，与义作仇家。

无念念即正，有念念成邪。有无俱不计，长御白牛车。"

达闻偈，不觉悲泣，言下大悟，而告师曰："法达从昔已来，实未曾转法华，乃被法华转。"

再启曰:"经云,诸大声闻乃至菩萨皆尽思共度量,不能测佛智。今令凡夫但悟自心,便名佛之知见,自非上根,未免疑谤。又经说三车,羊鹿牛车与白牛之车,如何区别? 愿和尚再垂开示。"

师曰:"经意分明,汝自迷背。诸三乘人不能测佛智者,患在度量也。饶伊尽思共推,转加悬远。佛本为凡夫说,不为佛说。此理若不肯信者,从他退席。殊不知坐却白牛车,更于门外觅三车。况经文明向汝道,唯一佛乘,无有余乘。若二若三乃至无数方便,种种因缘,譬喻言词,是法皆为一佛乘故,汝何不省? 三车是假,为昔时故。一乘是实,为今时故。只教汝去假归实,归实之后,实亦无名。应知所有珍财尽属于汝,由汝受用。更不作父想,亦不作子想,亦无用想,是名持《法华经》。从劫至劫,手不释卷,从昼至夜,无不念时也。"

达蒙启发,踊跃欢喜,以偈赞曰:"经诵三千部,曹溪一句亡。未明出世旨,宁歇累生狂。羊鹿牛权设,初中后善扬。谁知火宅内,元是法中王。"

师曰:"汝今后方可名念经僧也。"

达从此领玄旨,亦不辍诵经。

第三个案例是接引法达,这是一位诵《法华经》达三千部却未曾了义的修行者,六祖是怎么为他开示的呢?

"僧法达,洪州人。七岁出家,常诵《法华经》。来礼祖师,头不至地。"洪州,今江西南昌。有位名叫法达的僧人,是洪州人。七岁就已出家,经常持诵《法华经》,他前来礼拜六祖时,头不点地。顶礼本该五体投地,即额头、双肘、双膝全部着地,否则是一种不恭敬的表现。

"祖诃曰：礼不投地，何如不礼。汝心中必有一物，蕴习何事耶？"六祖呵斥他说：顶礼而头不至地，还不如不要礼拜。你心中必有自以为是之处，才会如此倨傲，平时主要修行功课是什么呢？

"曰：念《法华经》已及三千部。"法达回答说：我念《法华经》已经三千部了。

"祖曰：汝若念至万部，得其经意，不以为胜，则与吾偕行。"六祖说：如果你念到一万部，并能完全领会经中蕴含的义理，而且不觉得自己有什么了不起，没有我相、人相，那就可以和我比肩同行了。换言之，达到这个程度，才能和我的所证相当。

"汝今负此事业，都不知过。听吾偈曰。"你现在的所作所为已经违背修行真义，却不知道自身过失，还是听我的偈吧。其实，法达的问题在学佛者中是很普遍的。我们经常觉得自己学了多少教理，诵了多少经典，如何用功修行，就以此自傲，反而成为修行的极大障碍。

"礼本折慢幢，头奚不至地。有我罪即生，亡功福无比。"幢，刻着佛号或经咒的石柱。功，指诵经功德。六祖说：顶礼本来是为了折服石柱一样耸立的我慢，怎么能头不点地。如果有这样的我执我慢，势必会引发不善业。只有不执著于自己诵经的功德，才会招感无量无边的福报。

"师又曰：汝名什么？曰：法达。"六祖又问说：你叫作什么？回答是：法达。

"师曰：汝名法达，何曾达法？"六祖说：你名叫法达，哪里通达法义了？为什么这么说？因为一个通达法义的人，一个把法义落实到心行的人，不可能会有这样的傲慢和执著。

"复说偈曰：汝今名法达，勤诵未休歇。空诵但循声，明心号菩萨。"接着，六祖又为他说了一首偈：你现在名为法达，勤奋地读诵经典，不曾停息（诵三千部《法华经》，平均一天诵一部，也要八年多才能完成，堪称精进）。如果只是停留在口头读诵，不能将经义落实到心行，只是鹦鹉学舌，意义不大。唯有明心见性，证得经中阐述的义理，才能称为菩萨。

"汝今有缘故，吾今为汝说。但信佛无言，莲华从口发。"现在有这个机缘，所以我为你讲述其中窍诀。如果你能领悟佛陀开示的无言之教，离言说相而诵经，才能口吐莲花，才是真正的读诵《法华经》。凡佛所说的一切经典，皆为文字般若，并不是真正的般若，只因它能诠般若之法，故称"般若"。真正的般若是超越一切语言文字的，正如《金刚经》所说："若人言如来有所说法，即为谤佛，不能解我所说故。"所以，要透过文字去领悟"无言"的教法。

"达闻偈，悔谢曰：而今而后，当谦恭一切。弟子诵《法华经》，未解经义，心常有疑。和尚智慧广大，愿略说经中义理。"法达听了六祖所说的偈颂之后，对自己的行为表示忏悔：从今以后，我会以谦下恭敬之心对待一切。进而向六祖请教说：弟子虽然一直在读诵《法华经》，并没有了解其中深意，心中时时生起疑惑。和尚智慧广大，希望您为我简要开显经中义理。

"师曰：法达，法即甚达，汝心不达。经本无疑，汝心自疑。汝念此经，以何为宗？"六祖以他的名字"法达"开示说：法达，《法华经》是开示悟入佛的知见，本身是究竟而透彻的，只是你自己不能领悟其中深意。经典本身没有疑惑，可你因为不了解，所以才平添许多疑惑。接着，六祖反问法达说：你读诵《法华经》，知道这是以什么为宗吗？

"达曰：学人根性暗钝，从来但依文诵念，岂知宗趣？"法达说：学人根性驽钝，从来都是依文诵念，怎么知道《法华经》的宗旨呢？

"师曰：吾不识文字，汝试取经诵一遍，吾当为汝解说。"六祖说：我不识文字，你现在就把《法华经》拿来读诵一遍，我自然会为你解说其中宗旨。

"法达即高声念经，至譬喻品，师曰：止！"法达就高声诵经，到《譬喻品》的时候，六祖说："可以停下。"《譬喻品》为《法华经》第二卷第三品，说火宅等喻。

"此经元来以因缘出世为宗，纵说多种譬喻，亦无越于此。何者因缘？经云：诸佛世尊唯以一大事因缘出现于世。一大事者，佛之知见也。"六祖为法达开示说：这部经是以诸佛出世的因缘为宗。虽然经中说了三车喻、化城喻等种种比喻，但都是方便说，是为了说明佛陀出世的因缘，并没有超出这一点。那么，佛陀来到世间的因缘和使命究竟是什么？正如《法华经》所说：诸佛世尊只是为了一件大事来到世间——引导众生悟入佛的知见。这个知见，就是《坛经》所说的菩提自性。

"世人外迷著相，内迷著空。若能于相离相，于空离空，即是内外不迷。"世上的人对外在世界看不清楚，就会执著于所谓的长短方圆、美丑好恶。对内在身心也看不清楚，就会执以为空，以为什么都没有。如果在面对相的时候不执著于相,面对空的时候不执著于空,超越对有和空的执著,就能悟到内外不迷的觉性。

"若悟此法,一念心开,是为开佛知见。"如果悟到内外不迷的真义,不再陷入迷惑状态,觉性智慧就会随之打开,此为开佛知见。

"佛犹觉也,分为四门:开觉知见,示觉知见,悟觉知见,入觉知见。"佛就是觉悟的意思。《法华经》中,将"开示悟入佛的知见"分为四门,分别是开佛知见、示佛知见、悟佛知见、入佛知见。开,即开显;示,即指示;悟,即领悟;入,即证入。这是由闻法而思惟、修习、证悟的常规途径。

"若闻开示便能悟入,即觉知见,本来真性而得出现。"如果听闻开示后立刻就能领悟,就能证得佛的知见,使本来具有的菩提自性得以开显。开示不一定都用语言文字,什么是最适合的方式,就可以用什么方式。佛陀一生说法,还有禅宗祖师的种种接引手段,都属于开示范畴。

"汝慎勿错解经意,见他道开示悟入,自是佛之知见,我辈无分。若作此解,乃是谤经毁佛也。"你不要错解经意,以为经中说"开示悟入佛的知见"只是佛菩萨的事,和我们这些凡夫没有关系。如果这样理解的话,就是谤经毁佛。

"彼既是佛,已具知见,何用更开?"须知,佛陀所说的"开示悟入佛的知见"并不是为佛而说,因为他们已成就佛果,哪里还需要为他们开显?

"汝今当信,佛知见者,只汝自心,更无别佛。"我们必须相信,佛的知见就在自己内心。换言之,每个人都具足菩提自性,所谓"但用此心，直了成佛"。除此之外，再也没有什么其他的佛了。所以，成佛不是塑佛像，不是另外造一个什么出来。佛性是本自具足的，只须直下承担即可。

"盖为一切众生自蔽光明，贪爱尘境，外缘内扰，甘受驱驰。"只是因为一切众生自己遮蔽内在的自性光明，贪爱六尘境界，因为向外攀缘而形成内在的妄想烦恼，甘愿像牛马一样承受无明驱使。

"便劳他世尊从三昧起，种种苦口，劝令寝息，莫向外求，与佛无二，故云开佛知见。"因为众生愚痴不化，才使得世尊从定中出，入世说法，以种种比喻，苦口婆心地劝导众生，令他们狂心顿歇，不再向外寻求，这样就能与佛无二无别。此为开显佛的知见。

"吾亦劝一切人，于自心中，常开佛之知见。"我也劝导一切众生，在自己的内心，时时开启佛的知见。我们内心有两种力量，一是佛的知见，一是众生知见，关键在于我们选择哪个频道。

"世人心邪，愚迷造罪。口善心恶，贪嗔嫉妒，谄佞我慢，侵人害物，自开众生知见。"世间的人内心没有正见，由于愚痴而造作种种罪业，嘴上虽然说得好听，内心却充满贪嗔、嫉妒、谄曲、我慢等烦恼。因为有了这些心理，就会不断伤害自己，伤害别人，这是开启众生知见。

"若能正心，常生智慧，观照自心，止恶行善，是自开佛之知见。"如果能保持正知正见，令智慧常常生起，以此观照内心，止息不良串习，广行利他之事，就是开显佛的知见。

"汝须念念开佛知见，勿开众生知见。开佛知见，即是出世。开众生知见，即是世间。"六祖劝勉说：你们应该念念体认并安住于佛的知见，而不要发展众生知见。当我们开显佛的知见时，当下就能超越对世间的执著，此即出世；当我们开显众生知见时，当下就会陷入对世间的贪著，此为入世。这也是《坛经》开始所说的"正见名出世，邪见是世间"。

"汝若但劳劳执念，以为功课者，何异牦牛爱尾？"如果你们只会辛辛苦苦地诵读经典，把这个作为功课，执著于诵经的相，却不懂得由此开佛知见，和那种为了爱护尾巴宁愿舍弃性命的牛有什么区别？都是因小失大。

"达曰：若然者，但得解义，不劳诵经耶？"法达说：如果这样的话，只要能够领悟经中内涵，就不必再诵读经文了吧？

"师曰：经有何过，岂障汝念？"六祖说：经有什么过失，难道障碍你念诵了吗？或者说：诵经有什么过失，难道障碍你发展正念了吗？问题不是在于念还是不念。真正的修行是超越念或不念的，在念的时候不执著于念，而安住于无念心体时，也不妨碍念诵。平常的人，或者就是念，或者就是不念，怎么做都是执著。

"只为迷悟在人，损益由己。口诵心行，即是转经。口诵心不行，即是被经转。"迷和悟，都取决于念诵者而不是经典，从中受损还是获益，也取决于自己。因为迷，就会受到损害；因为悟，就能从中得益。如果在念诵时随文入观，将经义落实于心行，就能领悟并应用经中开示的智慧，此为转经。如果在念诵时不能将经义落实于心行，只是停留于形式上的念诵，将诵经当作任务完成，此为被经所转。这就是《楞严经》所说的"若能转物，即同如来；被物所转，即是凡夫"。

"听吾偈曰：心迷法华转，心悟转法华。"接着，六祖根据转经还是被转的问题，为法达说了一首偈颂。当心处于迷惑系统时，只是执著于形式上的念诵，不能了解其中真义，即被《法华经》所转。而当我们领悟其中真义，就能将佛经传达的智慧落实到心行，此为转《法华经》。

"诵经久不明，与义作仇家。"你已经读诵三千部《法华经》，至今不知其中深意，这种做法和经中开显的义理完全相违，就像仇人一样水火不容。佛陀让我们开启智慧，不要著相，可你非但不开智慧，还要执著于形式，执著于自己念了多少部经，不是很颠倒吗？

"无念念即正，有念念成邪。"在念的当下又不住于诵念本身，才能无念而念，念而不念，是为正念。如果执著于念头，执著于所念，就不是正念而是邪念了。

"有无俱不计，长御白牛车。"如果执著于念或不念，还是在凡夫境界，唯有超越有无，才能长久地驾驭大白牛车。《法华经》中，长者要把孩子从火宅中骗出，就告诉他们：我给你们一辆羊车、鹿车、牛车。等他们出来后，每人给他们一辆大白牛车。大白牛车代表一佛乘，代表成佛的根本，也就是禅宗所说的菩提自性。比喻佛陀虽说三乘法，但最终目的是会三归一，令众生开示悟入佛的知见，这才是佛陀说法的真义。

"达闻偈，不觉悲泣，言下大悟，而告师曰：法达从昔已来，实未曾转法华，乃被法华转。"法达听闻六祖开示的偈颂后，立刻领悟到《法华经》宗旨，不觉喜极而泣，对六祖说：法达我在过去那么长时间以来，从来没有真正领悟经中真义，领悟佛陀智慧，一直都是停留于读诵，都是被《法华经》所转。

"再启曰：经云，诸大声闻乃至菩萨皆尽思共度量，不能测佛智。今令凡夫但悟自心，便名佛之知见，自非上根，未免疑谤。"法达再次请教说：即使是诸大声闻和菩萨，都没有能力思量佛陀的甚深智慧。《法华经·方便品》说："假使满世间，皆如舍利弗，尽思共度量，不能测佛智。"正因为如此，所以佛陀开示《法华经》时，有五千声闻因此退席。我们现在这些凡夫，因为悟到自己本心，就说具备佛的知见。这样高深的道理，如果不是上根利智，是不敢承担，甚至不敢想象的，难免会生起怀疑和诽谤：真的是这样吗？真的就这么简单吗？因为平常的人总觉得自己是愚下凡夫，业障深重，尤其学了某些法门，往往把自己看得很低，从而增加对诸佛愿力的信心。但禅宗要我们直下承担，认识到生命的某个层面和十方诸佛无二无别，这种承担的确需要慧根、胆识和气魄。

"又经说三车，羊鹿牛车与白牛之车，如何区别？愿和尚再垂开示。"法达进一步请教说：此外，《法华经》说到羊车、鹿车、牛车和大白牛车，其中有什么区别？希望和尚再为我慈悲开示。此处，问的是三乘和一乘的区别：为什么又说三乘，又说一乘？

"师曰：经意分明，汝自迷背。诸三乘人不能测佛智者，患在度量也。饶伊尽思共推，转加悬远。"六祖说：经中说得非常清楚，只是因为众生自己迷惑，所以才会违背经义。三乘人为什么不能领会佛智？关键就在于虚妄分别。一旦陷入分别，任他们怎样费尽心思地揣度，离佛的知见只会越来越远，因为着力点就错了。

"佛本为凡夫说，不为佛说。此理若不肯信者，从他退席。殊不知坐却白牛车，更于门外觅三车。"佛法本来就是为凡夫而说，不是为诸佛所说。为什么要对我们说？因为众生都具备成佛的潜质，这是我们需要接受和承担的。如果不能接受这个道理，自然就会在听到甚深大法时退席。他们不知道自己本来就驾着大白牛车，却还在门外找什么羊车、鹿车、牛车。大白牛车比喻人人本具的菩提自性，而三车只是方便施设。就像《法华经》的化城之喻，导师带着众人前往五百由旬外的宝所，但他们行至中途就不想走了。导师就化现一座城池，待大家在其中恢复精力后，再告诉他们：这是暂时栖息地，宝所还在前方。佛陀说法也是同样，他为我们开示人天善法，开示声闻教法，最终是要引导我们成就佛果。

"况经文明向汝道，唯一佛乘，无有余乘，若二若三乃至无数方便，种种因缘，譬喻言词，是法皆为一佛乘故，汝何不省？"况且，佛陀在《法华经》中明确指出："十方国土中，唯有一乘法，无二亦无三，除佛方便说。"所谓的二乘、三乘，乃至无数方便，种种因缘以及佛陀所说的譬喻言词，所有这些八万四千法门，最终都要导向一佛乘，都是帮助我们体认内在觉性，你为什么不领会呢？

"三车是假，为昔时故。一乘是实，为今时故。"佛陀说三车只是施设的方便，因为众生当时的根机还没有成熟。说一佛乘才是究竟了义的，因为众生现在的根机已经成熟。所以《法华经》叫作"开权显实"，权者方便，实者真实，指出方便的目的是显真实。

"只教汝去假归实，归实之后，实亦无名。"佛陀说《法华经》，是帮助我们去除对方便法门的执著，回归觉性。真正归实之后，我们就知道，所谓实也是假名安立的。哪怕是说一乘，说佛性，凡有言说，都不过是假名安立而已，不必执著。

"应知所有珍财尽属于汝，由汝受用。更不作父想，亦不作子想，亦无用想，是名持《法华经》。"当你能够悟入此中，就会知道，觉性海洋中的无量宝藏都属于你所有，都能为你所用。此时，也不会想着是佛陀，也不会想着是众生，也不必想着如何运用，因为佛和众生已彻底平等。达到这样的境界，才称得上是受持《法华经》。

"从劫至劫，手不释卷，从昼至夜，无不念时也。"当你有了这样的领悟后，哪怕是从这一劫到下一劫，在这漫长的岁月中，仿佛手中从来不曾离开过《法华经》。从白天到黑夜，每时每刻，无不是在诵念《法华经》。因为你已体认其中真谛，这个念不是停留在口头，而是时时安住于法华三昧，所以能念念相续，不绝如缕。

"达蒙启发，踊跃欢喜，以偈赞曰：经诵三千部，曹溪一句亡。未明出世旨，宁歇累生狂。"法达听闻六祖开示的甚深法义后，法喜充满，踊跃不已，以偈赞叹说：我以前念诵三千部《法华经》，听到曹溪六祖的开示后，才知道以前所念都是无用功。如果不明白佛陀出世的因缘，不能领会佛的知见，如何能让多生累劫的妄心得以平息？

"羊鹿牛权设，初中后善扬。谁知火宅内，元是法中王。"《法华经》中，以羊车、鹿车、牛车比喻三乘，这些说法代表初善、中善、后善，是佛陀在不同时期，对不同根机众生施设的方便。谁也想不到，在五浊恶世的火宅中，在现前的五蕴色身中，原来早已具备佛的知见，具备成佛的潜力。

"师曰：汝今后方可名念经僧也。"六祖说：你能这样理解的话，今后才可称为名副其实的诵经僧。

"达从此领玄旨，亦不辍诵经。"法达从六祖的开示中悟到《法华经》真谛，之后也没有停止诵经。当然，此时的诵经和原来已经有了本质区别，是心口如一，而非有口无心的。

# 四、接引智通，说三身四智

僧智通，寿州安丰人。初看《楞伽经》约千余遍，而不会三身四智，礼师求解其义。

师曰："三身者，清净法身，汝之性也。圆满报身，汝之智也。千百亿化身，汝之行也。若离本性别说三身，即名有身无智。若悟三身无有自性，即明四智菩提。听吾偈曰：自性具三身，发明成四智。不离见闻缘，超然登佛地。吾今为汝说，谛信永无迷。莫学驰求者，终日说菩提。"

通再启曰："四智之义，可得闻乎？"

师曰："既会三身，便明四智，何更问耶？若离三身别谈四智，此名有智无身。即此有智，还成无智。"

复说偈曰："大圆镜智性清净，平等性智心无病。妙观察智见非功，成所作智同圆镜。五八六七果因转，但用名言无实性。若于转处不留情，繁兴永处那伽定。"（如上转识为智也。教中云：转前五识为成所作智，转第六识为妙观察智，转第七识为平等性智，转第八识为大圆镜智。虽六七因中转，五八果上转，但转其名而不转其体也。）

通顿悟性智，遂呈偈曰："三身元我体，四智本心明。身智融无碍，应物任随形。起修皆妄动，守住匪真精。妙旨因师晓，终亡染污名。"

第四个案例是接引智通，开示三身四智的内容。

"僧智通，寿州安丰人。初看《楞伽经》约千余遍，而不会三身四智，礼师求解其义。"寿州，今安徽寿县。三身，法身、报身、化身。四智，如来的四种智慧，即成所作智、妙观察智、平等性智、大圆镜智。三身四智都是佛菩萨的功德，也是学佛所要成就的菩提道果。有个名叫智通的僧人，是寿州安丰人。起初，他已阅读《楞伽经》达千余遍，却不能理解三身四智的内涵，所以就来参礼六祖，希望六祖开解其中深意。

"师曰：三身者，清净法身，汝之性也。圆满报身，汝之智也。千百亿化身，汝之行也。"六祖说：清净法身，就是我们具有的佛性；圆满报身，就是修行成就的智慧；千百亿化身，就是智慧的无量妙用。这是从禅宗的见地，来解读佛陀所圆满的法、报、化三身。

"若离本性别说三身，即名有身无智。"如果离开觉性来谈三身，叫作有身无智。因为法、报、化三身都是以觉性为基础，否则就是空洞的，有名无实的。

"若悟三身无有自性，即明四智菩提。"如果体认到三身也是无自性的，就明白什么是四智菩提。因为三身是建立在四智的基础上，不能独立于四智之外。离开四智，也就没有三身了。

"听吾偈曰：自性具三身，发明成四智。不离见闻缘，超然登佛地。"且听我为你说一首偈颂：菩提自性本来就具足三身，法身有空的特点，报身有明的特点，化身有妙用无穷的特点。再由觉性发明四智，开显大圆镜智、平等性智、妙观察智和成所作智。佛性在哪里作用？就在六根门头，在见闻觉知。无论行住坐卧，还是语默动静，都是觉性的显现和妙用，只要在见闻觉知的同时能够离相，即可直登佛地。

"吾今为汝说，谛信永无迷。莫学驰求者，终日说菩提。"我现在为你开导三身四智的道理，只要你确信无疑，就不会再有什么迷惑。不要学那些向外追逐的人，终日把菩提挂在嘴边，却不懂得向内证道。这样的做法，说轻一点是舍本逐末，说重一点，根本就是与修行背道而驰。

"通再启曰：四智之义，可得闻乎？"智通接着问道：四智的深意，可以听您再解说一下吗？前面侧重说三身之理，接着对四智进行阐述。

"师曰：既会三身，便明四智，何更问耶？若离三身别谈四智，此名有智无身。即此有智，还成无智。"六祖说：你真正理解了三身，也就认识了四智，何必再问呢？因为三身的本质就是四智，如果离开三身，单独谈什么四智，就叫作有智无身。如果无身的话，这个智也就不成为智了。

"复说偈曰：大圆镜智性清净，平等性智心无病。"接着，六祖再说一首偈颂来解释四智的特点：大圆镜智是转第八阿赖耶识所成，指觉性本来清净，就像明亮而没有任何尘垢的镜子一样，能够照见身心内外的一切。平等性智是转第七末那识所成，由此解除我执建立的基础，不再有内外、人我等一切分别。这里所说的心无病，就是没有自他的隔阂和对立之病。

"妙观察智见非功，成所作智同圆镜。"妙观察智是转第六意识所成，其特点是能观察并了知诸法差别。在有漏阶段，第六意识是充满造作的。成就妙观察智后，自然能应物利生。这种功能本自具足，不假造作，是为"见非功"。成所作智是转前五识所成，这是成就一切世出世间事业的工具，和大圆镜智一样，属于果上转。

"五八六七果因转，但用名言无实性。"转八识成四智，第六识和第七识是在因上转，而前五识和第八识是在果上转。也就是说，当第六识和第七识发生转变后，前五识和第八识的功能自然随之转为正用。唯识所说的转依，是改变生命的依托，即舍去有漏识，成就无漏智。从唯识的见地来说，这是生命系统的转变。但禅宗修行是建立在觉性基础上，是依觉性建立八识四智。从这个层面说，转的只是一个名称而非实质。因为众生本来具有佛的知见，自性本来就是清净无染的，其实是没什么可转的。

"若于转处不留情，繁兴永处那伽定。"如果在每个心念生起时随处随转，没有粘著，没有滞碍，哪怕在纷扰繁杂的环境中，我们也能像龙潜于深渊那样，安住觉性，如如不动。表面虽然在工作生活、待人接物，但内心不随任何境界动摇。

"如上转识为智也。教中云：转前五识为成所作智，转第六识为妙观察智，转第七识为平等性智，转第八识为大圆镜智。"以上所说的就是转识成智。从教下的观点来说，是转前五识为成所作智，转第六意识为妙观察智，转第七末那识为平等性智，转第八阿赖耶识为大圆镜智。

"虽六七因中转，五八果上转，但转其名而不转其体也。"虽然说第六识和第七识在因上转，前五识和第八识在果上转，但从究竟而言，所转的只是概念而非本体。当然这是禅宗的说法，确切地说，是顿教的见地，和教下的观点有所不同。

"通顿悟性智，遂呈偈曰：三身元我体，四智本心明。身智融无碍，应物任随形。"智通听闻六祖的开示后，顿时明了三身四智的真义，就以偈颂向六祖表明心得。三身原来就是内在觉性的本体，四智也要从觉性中去开发、去证得。身和智是圆融无碍的，有智就有身，而身也离不开智。只是应不同的对象，所以才有不同的显现。

"起修皆妄动，守住匪真精。妙旨因师晓，终亡染污名。"在造作的状态中起心动念，都是一种妄动。如果执著于某种状态，以为这就是觉性，不论执著于动，还是执著于静，都不是真正的觉性。其中奥妙，都是因为师长开示才恍然大悟，从此不再执著于染污或清净的假名，也不再执著于染净的不同显现。

## 五、接引智常，说不著有亦不著空

僧智常，信州贵溪人。髫年出家，志求见性。一日参礼。

师问曰："汝从何来？欲求何事？"

曰："学人近往洪州白峰山礼大通和尚，蒙示见性成佛之义。未决狐疑，远来投礼，伏望和尚慈悲指示。"

师曰："彼有何言句，汝试举看。"

曰："智常到彼，凡经三月，未蒙示诲。为法切故，一夕独入丈室，请问如何是某甲本心本性？大通乃曰：汝见虚空否？对曰：见。彼曰：汝见虚空有相貌否？对曰：虚空无形，有何相貌？彼曰：汝之本性，犹如虚空，了无一物可见，是名正见。无一物可知，是名真知。无有青黄长短，但见本源清净，觉体圆明，即名见性成佛，亦名如来知见。学人虽闻此说，犹未决了，乞和尚开示。"

师曰："彼师所说，犹存见知，故令汝未了。吾今示汝一偈：不见一法存无见，大似浮云遮日面。不知一法守空知，还如太虚生闪电。此之知见瞥然兴，错认何曾解方便。汝当一念自知非，自己灵光常显现。"

常闻偈已，心意豁然，乃述偈曰："无端起知见，著相求菩提。情存一念悟，宁越昔时迷。自性觉源体，随照枉迁流。不入祖师室，茫然趣两头。"

智常一日问师曰："佛说三乘法，又言最上乘，弟子未解，愿为教授。"

师曰："汝观自本心，莫著外法相。法无四乘，人心自有等差。见闻转诵是小乘，悟法解义是中乘，依法修行是大乘。万法尽通，万法具备，一切不染，离诸法相，一无所得，名最上乘。乘是行义，不在口争。汝须自修，莫问吾也。一切时中，自性自如。"

常礼谢执侍，终师之世。

第五个案例是接引智常，为他开示既不能著有也不可住空之理，以及佛陀施设三乘和一乘教法的真义。

"僧智常，信州贵溪人。髫年出家，志求见性。一日参礼。"信州，今江西上饶。髫年，幼年。有位僧人名叫智常，是信州贵溪一带的人，年纪很小就出家了，一心只求开悟。有一天，前来参礼六祖。

"师问曰：汝从何来？欲求何事？"六祖问他说：你从哪里来？想来做什么？

"曰：学人近往洪州白峰山礼大通和尚，蒙示见性成佛之义。未决狐疑，远来投礼，伏望和尚慈悲指示。"伏望，表希望的敬辞。智常回答说：学人最近在洪州白峰山大通和尚那里求法，承蒙大通和尚为我开示了见性成佛的道理，但并没有解决我的疑惑，所以不顾路途遥远前来参拜于您，恳求和尚慈悲，为我指明方向。

"师曰：彼有何言句，汝试举看。"六祖说：大通和尚对你说了什么开示呢？你说给我听听。

"曰：智常到彼，凡经三月，未蒙示诲。为法切故，一夕独入丈室，请问如何是某甲本心本性？"智常回答说：我到大通和尚处有三个月，一直没有得到开示和教诲。因为求法心切，有天傍晚就单独进入丈室求教：请问和尚，什么才是我的本心本性？

"大通乃曰：汝见虚空否？对曰：见。"大通和尚对我说：你看见虚空了吗？我回答说：看见。

"彼曰：汝见虚空有相貌否？对曰：虚空无形，有何相貌？"大通和尚又问：你看见虚空有形状、有颜色吗？我回答说：虚空是无形的，哪有什么形状和颜色？

"彼曰：汝之本性，犹如虚空，了无一物可见，是名正见。无一物可知，是名真知。无有青黄长短，但见本源清净，觉体圆明，即名见性成佛，亦名如来知见。"大通和尚就开示说：你的本性像虚空一样，没有一物可见，这就是正见。也没有一物可知，这就是真知。不分别青黄之类的颜色，也不分别长短之类的形状，就能见到本来清净的觉性。悟入这个圆满光明的觉悟本体，就是见性成佛，也是如来的知见。

"学人虽闻此说，犹未决了，乞和尚开示。"我虽然听了大通和尚的开示，但还是对见性不甚了了，恳请和尚为我开示。

"师曰：彼师所说，犹存见知，故令汝未了。吾今示汝一偈。"六祖立刻指出问题所在：大通和尚所说，还是存在知见，所以令你无法透彻。现在我为你说一首偈颂。

"不见一法存无见，大似浮云遮日面。"说像虚空一样什么都没有就是不见一法，这本身就是一种见，存在这种空的见、无的见，也是不对的。著有固然不对，著空同样不对。就像浮云遮住太阳，会障碍我们对觉性的体认。

"不知一法守空知，还如太虚生闪电。"说是不知一法，其实却守了空知，是执著于空，就像虚空出生闪电，也是一种遮蔽和障碍。

"此之知见瞥然兴，错认何曾解方便。"瞥然，忽然。这个对于空的执著一旦生起，心有所住，就不可能见到觉性。所以，对空的执著也是错误认识，哪里能作为悟入觉性的方便呢？

"汝当一念自知非，自己灵光常显现。"如果能意识到这种认知是错误的，不再陷入对空的执著，觉性灵光自然就能时时显现。正如百丈禅师所说："灵光独耀，迥脱根尘。"

"常闻偈已，心意豁然，乃述偈曰：无端起知见，著相求菩提。

情存一念悟，宁越昔时迷。"智常听到六祖开示的偈颂后，内心豁然开朗，也说了一首偈颂报告心得。内容是：无端生起空的知见，执著于空相而求菩提，以为菩提是有的，或以为菩提是空的。哪怕内心还存有一点"我要开悟"的想法，就不能超越无始以来的迷妄。修行是一场没有目标的旅程，不要想着开悟，不要想着干什么，这些念头都是妄想，恰恰是我们不能开悟的原因。

"自性觉源体，随照枉迁流。不入祖师室，茫然趣两头。"我们内在的菩提自性，就是觉悟的源头和根本，但因无明执著而隐没不现，使我们轮回生死，流转六道。不能领会祖师西来意，心就会在两头奔忙，不是著常就是著断，不是著空就是著有。

"智常一日问师曰：佛说三乘法，又言最上乘，弟子未解，愿为教授。"一天，智常向六祖请教说：佛陀说了三乘法，又说了最上乘，弟子不了解其中内涵，请您为我开导。

"师曰：汝观自本心，莫著外法相。法无四乘，人心自有等差。"四乘，或依《法华经·譬喻品》羊、鹿、牛及大白牛车立四乘教，或曰声闻、缘觉、菩萨、佛为四乘。六祖说：你只要观照自己的心，体认本自具足的觉性，这才是最重要的，不要向外执著于法相。法是法法平等的，并没有四乘的差别，只是因为人的根机有利钝，所以才出现与之相应的不同教法。佛经施设的各乘只是方便安立，是帮助我们认识本心、契入觉性的方法，根本目标是一致的。

"见闻转诵是小乘，悟法解义是中乘，依法修行是大乘。"大小乘的区别，从教下的观点来看，主要是以发心而论。六祖则从禅宗角度作了分判：停留在听闻教法或读诵经文，就是小乘；能够进一步如理思惟, 依文解义, 就是中乘; 能够如法修行, 依法实践, 才是大乘。

"万法尽通, 万法具备, 一切不染, 离诸法相, 一无所得, 名最上乘。" 如果能通达万法, 具备万法, 同时又超越对法相的执著, 于一切法不染著, 心无所住, 就称之为最上乘。教下讲一乘和三乘, 是代表修行的不同途径, 分别指向声闻、缘觉和无上菩提。此处, 六祖立足于觉性的闻思修进行说明, 可谓独树一帜。

"乘是行义, 不在口争。汝须自修, 莫问吾也。一切时中, 自性自如。" 六祖又告诫智常说: 所谓乘, 只是实践的意思, 不在于争什么大小之分。你要自己从修行中体悟, 不必总是问我。在一切时中, 都要安住于觉性, 于如如不动中来去自如。

"常礼谢执侍, 终师之世。" 智常得到六祖的开示后, 感恩戴德, 终生都在侍奉六祖, 直到六祖去世。

# 六、接引志道, 答生灭与寂灭

僧志道, 广州南海人也。请益曰: "学人自出家, 览《涅槃经》十载有余, 未明大意。愿和尚垂诲。"

师曰: "汝何处未明?"

曰: "诸行无常, 是生灭法。生灭灭已, 寂灭为乐。于此疑惑。"

师曰: "汝作么生疑?"

曰："一切众生皆有二身，谓色身法身也。色身无常，有生有灭。法身有常，无知无觉。经云'生灭灭已，寂灭为乐'者，不审何身寂灭？何身受乐？若色身者，色身灭时，四大分散，全然是苦。苦，不可言乐。若法身寂灭，即同草木瓦石，谁当受乐？又，法性是生灭之体，五蕴是生灭之用。一体五用，生灭是常。生则从体起用，灭则摄用归体。若听更生，即有情之类不断不灭。若不听更生，则永归寂灭，同于无情之物。如是，则一切诸法被涅槃之所禁伏，尚不得生，何乐之有？"

师曰："汝是释子，何习外道断常邪见，而议最上乘法？据汝所说，即色身外别有法身，离生灭求于寂灭。又推涅槃常乐，言有身受用。斯乃执吝生死，耽著世乐。汝今当知，佛为一切迷人认五蕴和合为自体相，分别一切法为外尘相，好生恶死，念念迁流，不知梦幻虚假，枉受轮回。以常乐涅槃翻为苦相，终日驰求。佛愍此故，乃示涅槃真乐，刹那无有生相，刹那无有灭相，更无生灭可灭，是则寂灭现前。当现前时，亦无现前之量，乃谓常乐。此乐无有受者，亦无不受者，岂有一体五用之名？何况更言涅槃禁伏诸法，令永不生。斯乃谤佛毁法。听吾偈曰：无上大涅槃，圆明常寂照。凡愚谓之死，外道执为断。诸求二乘人，目以为无作。尽属情所计，六十二见本。妄立虚假名，何为真实义。唯有过量人，通达无取舍。以知五蕴法，及以蕴中我，外现众色像，一一音声相。平等如梦幻，不起凡圣见，不作涅槃解，二边三际断。常应诸根用，而不起用想。分别一切法，不起分别想。劫火烧海底，风鼓山相击。真常寂灭乐，涅槃相如是。吾今强言说，令汝舍邪见。汝勿随言解，许汝知少分。"

志道闻偈大悟，踊跃作礼而退。

第六个案例是接引志道，开示《涅槃经》中生灭与寂灭的疑问。

"僧志道，广州南海人也。请益曰：学人自出家，览《涅槃经》十载有余，未明大意。愿和尚垂诲。"有位叫作志道的僧人，是广州南海人，他向六祖请教说：学人自出家以来，阅读《涅槃经》已十多年，还是不能明了经中大意，希望和尚给予开示。

"师曰：汝何处未明？"六祖问说：你什么地方不明白？

"曰：诸行无常，是生灭法。生灭灭已，寂灭为乐。于此疑惑。"志道说：对"诸行无常，是生灭法，生灭灭已，寂灭为乐"这句经文还存在疑惑。

"师曰：汝作么生疑？"六祖问：你对这首偈颂的疑问在哪里？

"曰：一切众生皆有二身，谓色身法身也。色身无常，有生有灭。法身有常，无知无觉。经云'生灭灭已，寂灭为乐'者，不审何身寂灭？何身受乐？"志道就说了他对生灭义的理解：一切众生皆有二身，即色身和法身。色身是无常的，有生有灭；而法身是有常的，没有知也没有觉。经中所说的"生灭灭已，寂灭为乐"，不知是色身灭了还是法身灭了，又是哪个身在享受涅槃之乐？

"若色身者，色身灭时，四大分散，全然是苦。苦，不可言乐。"如果是色身在享受涅槃之乐，可当色身坏灭的时候，地水火风四大分崩离析，全然都是痛苦。既然是苦，就没有快乐可言。

"若法身寂灭，即同草木瓦石，谁当受乐？"如果是法身在享受涅槃的寂灭之乐，可法身是无知无觉的，就像草木瓦石一样，又是什么在受乐呢?

"又,法性是生灭之体,五蕴是生灭之用。一体五用,生灭是常。生则从体起用,灭则摄用归体。"此外,法性是生灭的根本,五蕴是产生生灭的作用。由这个根本产生五蕴的作用,所以生灭应该是有常的。五蕴产生时,是从法性的体产生用;五蕴坏灭时,是作用又回归到法性的体。

"若听更生,即有情之类不断不灭。若不听更生,则永归寂灭,同于无情之物。"如果这种生是不断的,那么法性生五蕴就会没完没了地继续下去。如果生完后不能再生,就会永远归于寂灭,和无情没什么两样了。

"如是,则一切诸法被涅槃之所禁伏,尚不得生,何乐之有?"如果这样的话,一切诸法进入涅槃的寂灭状态,就不再产生什么,哪有快乐可言? 以上,志道阐述了自己对色身、法身及生灭的理解。他的问题在于,把色身和法身对立起来了。

"师曰:汝是释子,何习外道断常邪见,而议最上乘法?"六祖批评说:你是释迦牟尼佛的弟子,怎么会修习外道的断见和常见,还以这些邪见来议论最上乘法?

"据汝所说,即色身外别有法身,离生灭求于寂灭。"按照你的说法,在色身外还有另外的法身,要离开生灭另外寻求寂灭。事实上,生灭的本质就是寂灭,色身的本质就是法身。可以在生灭的当下体认寂灭,而在寂灭的当下也是不妨生灭的。所以,生灭和寂灭是可以并存的,不必分开,更不应该对立起来。正如永嘉禅师《证道歌》所说:"无明实性即佛性,幻化空身即法身。"

"又推涅槃常乐，言有身受用。斯乃执吝生死，耽著世乐。"又认为涅槃之乐是恒常的，需要有一个身体在受用。这其实是对生死执著不舍，并且贪恋世间的快乐，认为一切快乐都和身体有关。事实上，涅槃之乐是超越一切形式的，无须依赖外在条件，即能源源不断地产生快乐。

"汝今当知，佛为一切迷人认五蕴和合为自体相，分别一切法为外尘相，好生恶死，念念迁流，不知梦幻虚假，枉受轮回。"你们要知道，佛陀说法是为了帮助一切迷惑众生看清生命真相。凡夫把五蕴和合的色身当作自体，同时分别一切法为外在世界的相，喜生而恶死，念念都在串习中轮回，不知五蕴乃至生死都是虚假不实的，犹如梦幻。因为有这样的执著，只能不断在六道轮回。永嘉禅师说："梦里明明有六趣，觉后空空无大千。"在当下这个生死大梦中，似乎有六趣，有人我，有世界，一旦证得觉性，才知道这一切的本质就是空性，是了不可得的。

"以常乐涅槃翻为苦相，终日驰求。佛愍此故，乃示涅槃真乐。"因为迷惑，所以不认识常乐涅槃，反而制造种种苦相，终日向外驰求。佛陀看到众生的愚痴和痛苦，心生悲悯，特别为我们开显涅槃的真正快乐。

"刹那无有生相，刹那无有灭相，更无生灭可灭，是则寂灭现前。"我们要认识到，生的本身就是不生，刹那都没有生起的相。灭的实质也是不灭，刹那都没有灭失的相。所以，哪里有什么生灭可灭。认识到生灭的本质，不生不灭的觉悟本体就会显现出来。

"当现前时，亦无现前之量，乃谓常乐。"当觉悟本体现前时，并没有一个现前的形式，这才是长久的快乐。这种快乐是超越一切形式的。

"此乐无有受者，亦无不受者，岂有一体五用之名？"这种快乐是源自于觉性，是尽虚空遍法界的，没有我相、人相、众生相、寿者相，没有谁是受者，也没有谁不是受者，哪有什么"法性是生灭之体，五蕴是生灭之用，一体五用"的说法？

"何况更言涅槃禁伏诸法，令永不生，斯乃谤佛毁法。"何况还说什么在涅槃状态就会禁绝诸法，令诸法永远不再生起，这些都是错误知见，是在诽谤佛法。

"听吾偈曰：无上大涅槃，圆明常寂照。"六祖说：且听我说一首偈颂。无上大涅槃是圆满的，其光明虽然静止不动，却能朗照一切。涅槃分自性清净涅槃、有余依涅槃、无余依涅槃和无住涅槃四种，无上大涅槃属于无住涅槃。

"凡愚谓之死，外道执为断。诸求二乘人，目以为无作。尽属情所计，六十二见本。"凡夫往往将涅槃当作死了；外道又会将涅槃当作断灭，当作什么都没有；而志求涅槃的二乘人，则以此为无作，止息一切，什么都不作为。事实上，这些认识都偏于无和空，不是对涅槃的正确理解，而是情识的分别执著，也是产生六十二见的源头。

"妄立虚假名，何为真实义。唯有过量人，通达无取舍。"凡夫因为妄执，安立种种虚假的名称，认为这样或那样是涅槃，其实都是错误的。什么才是涅槃的真实内涵？唯有超越常人的虚妄分别，不以思惟去思惟，而是在内心直接体认，不取不舍，才能通达涅槃。

"以知五蕴法，及以蕴中我，外现众色像，一一音声相。平等如梦幻，不起凡圣见，不作涅槃解，二边三际断。"通达觉性的人，才能知道五蕴中的色法、心法，由五蕴所构成的我，以及外在世界的种种色相、种种音声，这一切的一切，本质都是空性，是平等而如梦如幻的，不会在其中生起分别凡圣的见解。涅槃是超越一切的，既超越断常和有无二边，也超越过去、现在、未来三际，还超越心、佛、众生的差别。

"常应诸根用，而不起用想。分别一切法，不起分别想。"涅槃并不是结束一切，不起任何作用了，而是能于六根放大光明，生起无量妙用，但又不落入我在做些什么的念头。虽然能够分别一切法，但又不会住于分别，不会执著于分别的对象。

"劫火烧海底，风鼓山相击。真常寂灭乐，涅槃相如是。"世界将要毁坏时，劫火从海底燃烧，狂风令山峰互相碰撞。即使在这样的动荡中，见性者依然安住觉性，如如不动，这就是涅槃相。如《证道歌》所说："纵遇锋刀常坦坦，假饶毒药也闲闲。"即使抡刀上阵，即使面临生死存亡，照样等闲视之，解脱自在。

"吾今强言说，令汝舍邪见。汝勿随言解，许汝知少分。"涅槃是超越言说的，无论怎么形容，都难免词不达意。我现在勉强把这些道理说出来，只是为了帮助你解除邪见。你不去执著于这些语言的话，才能对涅槃有少分领悟。如果执著于言说，只会与道渐行渐远。

"志道闻偈大悟，踊跃作礼而退。"志道听闻这首偈颂后大彻大悟，明了涅槃的真义所在，非常欢喜地作礼而退。

# 七、为行思印证，说圣谛亦不为

行思禅师，生吉州安城刘氏。闻曹溪法席盛化，径来参礼。遂问曰："当何所务，即不落阶级？"

师曰："汝曾作什么来？"

曰："圣谛亦不为。"

师曰："落何阶级？"

曰："圣谛尚不为，何阶级之有？"

师深器之，令思首众。一日，师谓曰："汝当分化一方，无令断绝。"思既得法，遂回吉州青原山，弘法绍化（谥弘济禅师）。

第七个案例是接引行思，又名青原行思。青原是地名，即青原的行思禅师，此为尊称。如百丈怀海，即百丈山的怀海禅师；南岳怀让，即南岳的怀让禅师。以下这些人参礼六祖，主要是为了得到印证。他们后来都成为弘化一方的大德，对禅宗的发展和弘扬起到了关键作用。其中，尤以青原行思、南岳怀让影响广泛。青原行思门下有石头希迁，南岳怀让门下有马祖道一，由此二人发展出禅门的五家七宗。

"行思禅师，生吉州安城刘氏。闻曹溪法席盛化，径来参礼。"吉州，江西吉安县。法席，说法的座席，泛指说法场所。行思禅师生于吉州安城的刘家，听说六祖在曹溪南华寺说法度众，影响很大，就直接前来参礼。

"遂问曰：当何所务，即不落阶级？"他见到六祖就问：通过做什么，可以不落入相对世界的执著中？这里所说的阶级，可以理解为次第，或是相对，或是过程。只有超越相对，才能体认绝对的空性。换句话说，做什么才能直接了悟内在的菩提自性？

"师曰：汝曾作什么来？"六祖反问说：你曾做过些什么吗？

"曰：圣谛亦不为。"行思回答说：即便是圣谛，我也没有想要得到。圣谛是佛教所说的最高真理，从这个回答可以看出，行思禅师已经体会到无所得的智慧了。

"师曰：落何阶级？"六祖又进一步问：那你知道还要经历什么过程吗？

"曰：圣谛尚不为，何阶级之有？"行思答说：我连圣谛都不为，还有什么过程可言？这段问答是立足于第一义谛，没有任何瓜葛。

"师深器之，令思首众。一日，师谓曰：汝当分化一方，无令断绝。"六祖对行思的见地大为器重，让他作为首座，领众修行。有一天，六祖对行思说：你应该弘化一方，把顿教法门传下去，不要让这个法脉断绝了。

"思既得法，遂回吉州青原山，弘法绍化（谥弘济禅师）。"绍，继承。谥号，古人死后依其生前行迹而立的称号。行思禅师得法后，就回到吉州青原山，弘法度众，绍隆佛种，后被追封为弘济禅师。

# 八、为怀让印证，说似一物即不中

怀让禅师，金州杜氏子也。初谒嵩山安国师，安发之曹溪参叩。让至礼拜。

师曰："甚处来？"曰："嵩山。"

师曰："什么物，恁么来？"曰："说似一物即不中。"

师曰："还可修证否？"曰："修证即不无，污染即不得。"

师曰："只此不污染，诸佛之所护念，汝即如是，吾亦如是。西天般若多罗谶，汝足下出一马驹，踏杀天下人，应在汝心，不须速说。"

让豁然契会。遂执侍左右一十五载，日臻玄奥。后往南岳，大阐禅宗（敕谥大慧禅师）。

第八个案例是接引怀让禅师。六祖和怀让的这段问答，也是干脆利落，直奔主题。

"怀让禅师，金州杜氏子也。初谒嵩山安国师，安发之曹溪参叩。让至礼拜。"金州，陕西安康。怀让禅师是金州杜家的孩子，起初前去参访嵩山的安国师，那也是五祖门下的一位大弟子。因为法缘不契，安国师就推荐他到曹溪参拜六祖。怀让到了之后，向六祖顶礼。

"师曰：甚处来？曰：嵩山。"六祖问他：从什么地方来？怀让回答说：嵩山。

"师曰：什么物，恁么来？"六祖说：你带着什么问题来找我？

"曰：说似一物即不中。"怀让说：我的问题无法形容，把它叫作什么都不合适。因为禅宗是以本分事相见，这个本分事就是菩提自性，也叫觉悟本体，也叫觉性，也叫佛性，但都是假名安立，在究竟意义上是没有这些的。如果一定要说出个什么，终归似是而非，说出来就不对了。

"师曰：还可修证否？"六祖问：那还用得着修证吗？修就是方法，证就是达到，这个"说似一物即不中"的，要通过什么方法才能证得？或者说，要做什么样的努力，才能明心见性，见到自己的本来面目？

"曰：修证即不无，污染即不得。"怀让的回答是：不能说没有修证，可只要有一点点执著，也是不行的。道到底要不要修？禅宗祖师告诉我们，道不属于修，也不属于不修。如果说道不用修，那些不修道的芸芸众生，永远都是凡夫，都在轮回，不修显然不行。反之，认为道必须通过修行修出来，也是不对的。关键是知道，什么时候该修，什么时候不该修。因为菩提自性是现成的，在凡不减，在圣不增，无须另外修出一个什么。不像卫星、飞机那些，需要制造出来。虽然现成，但必须见得到才是，否则也是虽有若无的。生命有两大系统，一是迷惑系统，一是觉悟本体。如何才能从迷惑走向觉悟？这个过程需要修，否则往往是在修无明，修烦恼，修贪嗔痴。但若始终停留在有修有证的状态，还是妄心的造作，永远无法证道。所以说，修还是不修，并没有标准答案，而是要在对的阶段，做对的事。不要以为"道不必修"，就真的不修了。但如果我们有心求道，或者存有一念求开悟之心，就是对道的障碍和染污，更不能由此开悟。

所以，"即不无，即不得"，必须把握好分寸。

"师曰：只此不污染，诸佛之所护念，汝即如是，吾亦如是。"六祖说：这个不染污的心是诸佛所护念的，你体认到觉性，我也是一样。这就是印心，不是传一个什么，而是"如人饮水，冷暖自知"，是在修证层面的相应。

"西天般若多罗谶，汝足下出一马驹，踏杀天下人，应在汝心，不须速说。"六祖接着对南岳怀让说：印度的般若多罗看到，你的弟子中会出一匹马驹（指马祖道一），可以教化天下人。你应该记在心里，不要急于说出来。

"让豁然契会。遂执侍左右一十五载，日臻玄奥。后往南岳，大阐禅宗（敕谥大慧禅师）。"阐，开辟。敕，帝王的诏书。怀让得到六祖印证后，大彻大悟，对自己的证境更加肯定。于是，在六祖身边侍奉达十五年，对道的体会日渐深刻，愈发精微。后来又到南岳弘法，使禅宗得到极大弘扬，被朝廷敕封为大慧禅师。

# 九、为玄觉印证，体悟无生之旨

永嘉玄觉禅师，温州戴氏子。少习经论，精天台止观法门，因看《维摩经》，发明心地。偶师弟子玄策相访，与其剧谈，出言暗合诸祖。

策云："仁者得法师谁？"

曰：“我听方等经论，各有师承。后于《维摩经》悟佛心宗，未有证明者。”

策云：“威音王已前即得，威音王已后，无师自悟，尽是天然外道。”

曰：“愿仁者为我证据。”

策云：“我言轻。曹溪有六祖大师，四方云集，并是受法者。若去，则与偕行。”

觉遂同策来参，绕师三匝，振锡而立。

师曰：“夫沙门者，具三千威仪，八万细行。大德自何方而来，生大我慢？”觉曰：“生死事大，无常迅速。”

师曰：“何不体取无生，了无速乎？”曰：“体即无生，了本无速。”

师曰：“如是如是！”玄觉方具威仪礼拜，须臾告辞。

师曰：“返太速乎？”曰：“本自非动，岂有速耶？”

师曰：“谁知非动？”曰：“仁者自生分别。”

师曰：“汝甚得无生之意。”曰：“无生岂有意耶？”

师曰：“无意谁当分别？”曰：“分别亦非意。”

师曰：“善哉！少留一宿。”

时谓一宿觉，后著《证道歌》，盛行于世（谥曰无相大师，时称为真觉焉）。

第九个案例

是接引永嘉玄觉禅师。这个公案就是著名的“一宿觉”，一晚上把生死大事搞定了。

“永嘉玄觉禅师，温州戴氏子。少习经论，精天台止观法门，因看《维摩经》，发明心地。"永嘉玄觉禅师是温州戴家的孩子，从小就学习经论教理，尤其精通天台止观法门，后来因为读《维摩经》而开悟，明了心性本来面目。

"偶师弟子玄策相访，与其剧谈，出言暗合诸祖。策云：仁者得法师谁？"剧谈，畅谈。有一天，六祖的弟子玄策禅师前来相访，与其畅谈佛法，发现玄觉所言与禅宗祖师的思想暗合。所以玄策就问说：仁者的得法师父是哪位？

"曰：我听方等经论，各有师承。后于《维摩经》悟佛心宗，未有证明者。"方等，方是广之义，等是均之义，佛于第三时广说藏通别圆四教，均益利钝之机，故名方等。玄觉就介绍了自己的修学经历：我听闻方等经论时，都有不同的师承。后来因为读《维摩经》悟入心地，但还没遇到为我印证的人。

"策云：威音王已前即得，威音王已后，无师自悟，尽是天然外道。"威音王，空劫初成之佛。禅宗以此借喻，威音以前明实际理地，威音以后指佛事门中。玄策对他说：在威音佛以前，是有无师自通的修行人。但自从有佛出世后，所谓的无师自悟，不过是天然外道而已。也就是说，对心地的悟入必须经过印证。

"曰：愿仁者为我证据。"玄觉就对玄策说：希望仁者为我印证。

"策云：我言轻。曹溪有六祖大师，四方云集，并是受法者。若去，则与偕行。"玄策说：我人微言轻，不足以为您印证。现在曹溪有六祖大师，人们从四面八方云集而来，追随大师学法。如果你愿意去的话，我可以与你同行。

"觉遂同策来参，绕师三匝，振锡而立。"玄觉就跟随玄策，一同前来参访六祖。他见到六祖时，绕着六祖走了三圈，然后将锡杖一振，站在那里。

"师曰：夫沙门者，具三千威仪，八万细行。大德自何方而来，生大我慢？"三千威仪，是比丘戒以外的微细行仪。八万细行，指菩萨戒以外的微细行仪。六祖看到这种气势就说：作为沙门，应该具足三千威仪，八万细行。大德从何方而来，为什么有如此大的慢心？

"觉曰：生死事大，无常迅速。"玄觉说：对于出家人来说，最大的问题就是了生脱死，而无常是极其迅速的。言下之意，我没时间讲究这些规矩。

"师曰：何不体取无生，了无速乎？"六祖说：你为什么不去体会无生法？那就超越生死，也超越时间的快慢了。

"曰：体即无生，了本无速。"玄觉回答说：我已经体会到无生法。在无生法上，确实没有所谓的时间快慢。

"师曰：如是如是！"六祖肯定说：的确是这样，你体会到就好。

"玄觉方具威仪礼拜，须臾告辞。"玄觉得到六祖印证，这才具足威仪，顶礼六祖，感谢印证之恩。片刻之后，就要告辞而去。

"师曰：返太速乎？"六祖说：你这么就走，好像太快了吧？这个问话又引发了下一段机锋问答。

"曰：本自非动，岂有速耶？"玄觉回答说：在觉性层面，本来就无所谓动，哪有什么快慢之分？因为觉性是如如不动的，没有快也没有慢，没有来也没有去。所谓的快和慢，不过是人为设定而已。

"师曰：谁知非动？"六祖说：那谁在知道这个非动？在一般人概念中，总觉得是"我知道"，是"我证到了"，这还是有我相、人相、众生相、寿者相，其实并没有证到。真正的悟入，是超越能所的。这是六祖对玄觉的进一步审核。

"曰：仁者自生分别。"玄觉答说：那只是仁者自己在徒生分别。

"师曰：汝甚得无生之意。"六祖说：你对无生法很有体会。一般人听到这个赞许，肯定觉得高兴。事实上，在无生法中是没有体会不体会的问题。只要有体会，还是在意识层面，是有能所的。而空性是超越能所，也超越体会或不体会的。所以，这个表扬其实是陷阱。

"曰：无生岂有意耶？"但玄觉确已见道，一点都不上当，说：在无生法中，难道还有体会和不体会吗？

"师曰：无意谁当分别？"六祖追问：如果没有体会，那谁去认识无生法？这也是凡夫的通病，我们总觉得要有个"我"作为载体，否则这一切怎么发生呢？结果就被这个"我"给缠住了。

"曰：分别亦非意。"玄觉回答说：虽然能分别，但不会落入能和所的执著中，也不会落入体会和不体会的执著中，是于相而离相的。

"师曰：善哉！少留一宿。"六祖赞许道：确实不错，不如住一晚再去。

"时谓一宿觉，后著《证道歌》，盛行于世（谥曰无相大师，时称为真觉焉）。"当时，人们将玄觉参礼六祖的过程传为美谈，谓之"一宿觉"。永嘉玄觉还著有《证道歌》，盛行一时并流传至今，为后代学人所推崇，也是修习禅宗的重要参考。后来，玄觉禅师被册封为"无相大师"，并被当时的人们誉为"真觉"，即真正的觉悟者。

# 十、接引智隍，开示禅定的修行

禅者智隍，初参五祖，自谓已得正受。庵居长坐，积二十年。师弟子玄策，游方至河朔，闻隍之名，造庵问云："汝在此作什么？"隍曰："入定。"

策云："汝云入定，为有心入耶？无心入耶？若无心入者，一切无情草木瓦石应合得定。若有心入者，一切有情含识之流亦应得定。"隍曰："我正入定时，不见有有无之心。"

策云："不见有有无之心，即是常定。何有出入？若有出入，即非大定。"

隍无对，良久问曰："师嗣谁耶？"策云："我师曹溪六祖。"

隍云："六祖以何为禅定？"策云："我师所说，妙湛圆寂，体用如如，五阴本空，六尘非有，不出不入，不定不乱。禅性无住，离住禅寂。禅性无生，离生禅想。心如虚空，亦无虚空之量。"

隍闻是说，径来谒师。师问云："仁者何来？"隍具述前缘。

师云："诚如所言，汝但心如虚空，不著空见，应用无碍，动静无心，凡圣情忘，能所俱泯，性相如如，无不定时也。"

隍于是大悟，二十年所得心都无影响。其夜，河北士庶闻空中有声云：隍禅师今日得道。隍后礼辞，复归河北，开化四众。

第十个案例是接引智隍禅师，为他开示禅定的修行。

"禅者智隍，初参五祖，自谓已得正受。庵居长坐，积二十年。"正受，梵语三昧，是禅定异名。庵，奉佛小舍，或隐修者所住茅屋。有位叫作智隍的禅师，曾经参礼五祖，认为自己已经证得三昧。所以结庵而居，终日长坐不卧，达二十年之久。

"师弟子玄策，游方至河朔，闻隍之名，造庵问云：汝在此作什么？隍曰：入定。"河朔，河北朔方。六祖有个弟子名叫玄策，游方到河朔时，听到智隍禅师的名声，就去草庵拜访，问他道：您在这里做什么？智隍答说：入定。

"策云：汝云入定，为有心入耶？无心入耶？若无心入者，一切无情草木瓦石应合得定。若有心入者，一切有情含识之流亦应得定。"含识，有心识者。玄策说：你说是在入定，请问你入的是有心定还是无心定呢？如果入的是无心定，一切草木瓦砾应该能够得定。如果入的是有心定，一切有心识的有情也应该能够得定。

"隍曰：我正入定时，不见有有无之心。"智隍说：我在入定的时候，是不见有心或无心的。也就是说，是超越有心和无心的分别。

"策云：不见有有无之心，即是常定。何有出入？若有出入，即非大定。"玄策反驳说：如果不见有心或者无心，那是最高的定，是觉性的常态，是时时刻刻都如是的。既然是在这个大定的状态，哪有什么出和入呢？因为出入都属于意识的作用。当我们安住于大定时，是没有出入的。如果有出有入，必然不是大定。

"隍无对，良久问曰：师嗣谁耶？"嗣，继承。智隍无言以对。沉默良久，问玄策说：你是跟谁学的呢？言下之意是，能提出如此尖锐的问题，必定大有来头。

"策云：我师曹溪六祖。"玄策说：我师从曹溪的六祖。

"隍云：六祖以何为禅定？"智隍问：那六祖是以什么为禅定呢？

"策云：我师所说，妙湛圆寂，体用如如。"玄策说：我的老师告诉我们，觉性微妙清净，周遍法界，它的体和用都具有如如不动的特点，不被五欲六尘所扰，即体即用，体用一如。

"五阴本空，六尘非有，不出不入，不定不乱。"五阴，五蕴的旧译，阴是障蔽义，能遮蔽真如，起诸烦恼。六尘，色、声、香、味、触、法六尘，尘为染污义，能染污内心清净。若能安住于觉性，也就是《坛经》所说的一行三昧，当下就知道：五蕴和六尘本来都是空的，了不可得的。在这一状态下，没有什么出定和入定，同时也是超越定和乱的。

"禅性无住，离住禅寂。禅性无生，离生禅想。"禅性就是禅的体，即觉悟本体，具有无住的特点，能超越禅定中的寂静，而不是沉空守寂。同时，觉悟本体还具有无生的特点，故能超越禅与非禅的想法。也就是说，禅性既不会执著于静，也不会分别此是禅而彼非禅。

"心如虚空，亦无虚空之量。"安住于觉性时，心就像虚空一样，但又不执著于虚空的相。如果执著于空，执著于无，也会障碍对禅性的体认。

"隍闻是说，径来谒师。"智隍听到这样的见地，觉得闻所未闻，直接前来参拜六祖。

"师问云：仁者何来？隍具述前缘。"六祖问他说：仁者从哪里来？智隍就讲述了他和玄策对答的情况。

"师云：诚如所言，汝但心如虚空，不著空见，应用无碍。"六祖说：确实像玄策所说的那样。你要体认觉性，心就应该如虚空一般，空无一物，无形无相，但又不著空见，才能在一切境界中通达无碍，以智慧照见诸法实相。说心如虚空，并不是让我们去执著于一个空相，因为空相也是妄想，也会成为执著。虚空是空的，却并非什么都没有，而是含摄万法又不为万法所染，这才是虚空的特点。所以，我们既要通过虚空扫除有见，同时也不能著空见。常人或著有，或著空，总是心有所著，就不能应用无碍。

"动静无心，凡圣情忘。"不执著于动和静，不是说不要动或不要静，而是在动的时候不执著于动，静的时候不执著于静。也不执著于凡和圣，因为凡和圣都是相对的，而觉性是超越凡圣的，凡情已绝，圣智亦忘。

"能所俱泯，性相如如，无不定时也。"泯，消失。同时还要超越对能和所的执著，这样的话，就能体认到一切体相都是如如不动的，都以真实面目出现，无时无刻不在定中。

"隍于是大悟，二十年所得心都无影响。其夜，河北士庶闻空中有声云：隍禅师今日得道。"智隍听了六祖的开示后，大彻大悟，二十年禅修中的所有执著于顿时空了，不再有任何影响。当天晚上，河北的士人、百姓听到空中有声音说：智隍禅师今天悟道了。

"隍后礼辞，复归河北，开化四众。"智隍禅师开悟后，向六祖顶礼告辞，回到河北，教化四众弟子。

# 十一、一僧问法

一僧问师云："黄梅意旨，甚么人得？"师云："会佛法人得。"僧云："和尚还得否？"师云："我不会佛法。"

这是一段简短的对答，没有说明具体人物。"一僧问师云：黄梅意旨，甚么人得？"黄梅，指五祖弘忍。意旨，即祖师西来意。有个僧人问六祖说：五祖的传承，是什么人得了？"师云：会佛法人得。"六祖说：懂佛法的人得到了。

"僧云：和尚还得否？"僧人接着问：和尚你得了吗？

"师云：我不会佛法。"六祖回答说：我不会佛法。为什么这么说呢？因为得与不得是在意识层面，属于凡夫境界，而对觉性的体认是超越会与不会，也超越能得与所得的。在我们熟悉的《金刚经》中，就一再讲道：不要认为佛陀有得阿耨多罗三藐三菩提的心，如果有得的心，其实还是在凡夫状态，不能证得阿耨多罗三藐三菩提。所以六祖说"我不会佛法"。

# 十二、方辩塑像因缘

　　师一日欲濯所授之衣而无美泉。因至寺后五里许，见山林郁茂，瑞气盘旋。师振锡卓地，泉应手而出，积以为池，乃跪膝浣衣石上。忽有一僧来礼拜，云方辩，是西蜀人，昨于南天竺国见达摩大师，嘱方辩速往唐土：吾传大迦叶正法眼藏及僧伽梨，见传六代，于韶州曹溪，汝去瞻礼。方辩远来，愿见我师传来衣钵。

　　师乃出示。次问："上人攻何事业？"曰："善塑。"师正色曰："汝试塑看。"辩罔措。过数日，塑就真相，可高七寸，曲尽其妙。师笑曰："汝只解塑性，不解佛性。"师舒手摩方辩顶，曰："永为人天福田。"（师仍以衣酬之。辩取衣分为三：一披塑像，一自留，一用棕裹瘗地中。誓曰："后得此衣，乃吾出世，住持于此，重建殿宇。"宋嘉祐八年，有僧惟先修殿掘地，得衣如新。像在高泉寺，祈祷辄应。）

　　第十二个案例，讲述方辩为六祖塑像的因缘。

　　"师一日欲濯所授之衣而无美泉。因至寺后五里许，见山林郁茂，瑞气盘旋。"有一天，六祖想要清洗五祖传给他的袈裟，但附近没有清泉。所以他来到寺后五里处，看到一个地方山林茂盛，郁郁葱葱，瑞气环绕。

　　"师振锡卓地，泉应手而出，积以为池。乃跪膝浣衣石上。"六祖就挥动锡杖，立于地面，泉水立刻随之涌出，渐渐积为一个水池。六祖就跪在那里，在石头上浣洗袈裟。

"忽有一僧来礼拜，云：方辩，是西蜀人，昨于南天竺国见达摩大师，嘱方辩速往唐土。"西蜀，今四川省。突然有位僧人前来礼拜，说自己名叫方辩，是四川人。之前在印度南天竺见到达摩大师，大师嘱咐他立刻前往中国。

"吾传大迦叶正法眼藏及僧伽梨，见传六代，于韶州曹溪，汝去瞻礼。"正法眼藏，佛眼彻见正法，为正法眼；含藏万德，为藏。僧伽梨，又称大衣，参与大法会所穿。达摩大师对方辩说：我所传承的大迦叶尊者的正法眼藏以及作为表信的袈裟，已经传到第六代。现在在韶州曹溪，你应该前去瞻礼。

"方辩远来，愿见我师传来衣钵。"方辩说：我远道而来，希望见到祖师传承的衣钵。

"师乃出示。次问：上人攻何事业？曰：善塑。"六祖就将袈裟出示给方辩。接着又问他说：你擅长做什么？方辩说：我善于塑像。

"师正色曰：汝试塑看。"六祖认真地对他说：那你现在给我塑一下看。六祖要他塑的其实是无相真身，而不是外在的色相。《金刚经》说："若以色见我，以音声求我，是人行邪道，不能见如来。"可见，真正的身不是色身，而是无形无相的法性。六祖说"汝试塑看"，就是让他去认识，看他能否见到这个真身。

"辩罔措。过数日，塑就真相，可高七寸，曲尽其妙。"方辩无法领会其中深意，有些不知所措。过了几天，塑了六祖的色身之像，高七寸，惟妙惟肖。

"师笑曰：汝只解塑性，不解佛性。师舒手摩方辩顶，曰：永为人天福田。"六祖笑着说：你只理解雕塑的方法，却不解佛性。又伸手为方辩摩顶说：你塑的这个像，将来可以作为人天福田。

"师仍以衣酬之。辩取衣分为三：一披塑像，一自留，一用棕裹瘗地中。"瘗，掩埋。然后，六祖以衣物酬谢他的塑像之劳。方辩把得到的衣物分为三份，一份披在塑像上，一份自己保留，还有一份用棕叶包裹，埋在地下。

"誓曰：后得此衣，乃吾出世，住持于此，重建殿宇。"方辩在埋衣处发愿说：今后得到这个衣物的人，就是我重新出世，将要在此住持正法，重新建造殿堂。

"宋嘉祐八年，有僧惟先修殿掘地，得衣如新。"宋嘉祐八年（1063年），果然有位名叫惟先的僧人，因为修理殿堂而挖掘地基，得到这件衣物，还像新的一样。

"像在高泉寺，祈祷辄应。"方辩所塑的六祖像，现在供奉在高泉寺。如果在像前祈祷的话，均能获得感应。


# 十三、一僧举卧轮偈


有僧举卧轮禅师偈，云："卧轮有伎俩，能断百思想。对境心不起，菩提日日长。"

师闻之，曰："此偈未明心地。若依而行之，是加系缚。"

因示一偈曰："惠能没伎俩，不断百思想。对境心数起，菩提作么长。"

第十三个案例，是六祖对卧轮禅师所作偈颂的开示。

"有僧举卧轮禅师偈。"有位僧人举出卧轮禅师的一首偈颂来请教六祖。卧轮禅师，具体何人，未见记载。

"云：卧轮有伎俩，能断百思想。对境心不起，菩提日日长。"他的偈颂说：卧轮有修行的手段，所以能截断众流，让所有念头不再现起。即使面对各种境界，也能如如不动，不起妄念。做到这些的话，菩提智慧就会天天增长。

"师闻之，曰：此偈未明心地。若依而行之，是加系缚。"六祖听了之后说：这首偈颂尚未明了心地，如果依此修行，只会增加束缚。因为卧轮禅师所说的"对境心不起"，会使心陷入无想的状态，感觉似乎很宁静，其实还没离开潜意识的层面。

"因示一偈曰：惠能没伎俩，不断百思想。对境心数起，菩提作么长。"为了纠正这种错误观念，六祖也给大众开示了一首偈颂，内容是：惠能的修行不需要造作，也不需要断除所有念头。只要安住于菩提自性，是不妨起心动念的。面对各种境界，一样可以物来影现，应对自如，但又不陷入对念头或境界的执著。能够做到这样，菩提智慧就得以成长。

这两个偈是相对的：一是"能断百思想"，一是"不断百思想"；一是"对境心不起"，一是"对境心数起"。在一般人看来，似乎前一个更高明，更符合我们想象中的修行。事实上，它是偏空的，而惠能的偈颂才是有体有用，活泼泼的。

《机缘品》记载的这些案例，简洁生动，其中人物仿佛呼之欲出。但《坛经》收录这些，显然不是为了说故事，而是反映了顿教的教化特色。佛法的核心精神是自觉觉他，三藏十二部典籍，既是对自觉的引导，也是如何觉他的指南。禅宗以"不立文字，教外别传"为宗风，在教法和修证上形成了自己独到的风格，在教育弟子方面，也是独特高标，与众不同。从六祖对学人的接引和印证中，不仅让我们领略到禅者的大机大用，不拘一格，也从不同侧面阐明了顿教一脉的修证心要。而这些对于具体疑问的开示，也能更有针对性地帮助我们解除疑惑，纠正偏差。

# 【顿渐品第八】

启动
内在智慧的
钥匙

自五祖传衣钵时，神秀和六祖惠能的得法偈就反映了两种不同的见地，这个差别成为后来南顿北渐的思想渊源。顿教是从真心契入，直指人心，见性成佛；渐教则是从妄心着手，渐次深入，从认识妄心到解除妄心，乃至最终开悟。虽然在见地和方法上有顿渐之分，但觉性本身是没有差别、没有优劣的。

时，祖师居曹溪宝林，神秀大师在荆南玉泉寺。于时两宗盛化，人皆称南能北秀。故有南北二宗顿渐之分，而学者莫知宗趣。师谓众曰："法本一宗，人有南北。法即一种，见有迟疾。何名顿渐？法无顿渐，人有利钝，故名顿渐。"

然秀之徒众往往讥南宗祖师不识一字，有何所长？秀曰："他得无师之智，深悟上乘，吾不如也。且吾师五祖亲传衣法，岂徒然哉！吾恨不能远去亲近，虚受国恩。汝等诸人毋滞于此，可往曹溪参决。"

"时，祖师居曹溪宝林，神秀大师在荆南玉泉寺。于时两宗盛化，人皆称南能北秀。"当时，六祖惠能住持曹溪宝林寺，神秀大师住持荆南玉泉寺。两宗都盛行一时，影响广大，世人称为"南能北秀"，即南方以惠能为宗师，北方以神秀为领袖。

"故有南北二宗顿渐之分，而学者莫知宗趣。"因此，才有了南北两宗的顿渐之分，南方为顿教，而北方为渐教。但对一般学人而言，并没有能力了解两宗真正的宗旨和精髓所在，对它们的异同是知其然而不知其所以然的。

"师谓众曰：法本一宗，人有南北。法即一种，见有迟疾。何名顿渐？法无顿渐，人有利钝，故名顿渐。"关于这个问题，六祖对大众开示说：佛陀正法本来只是一乘，即一条觉醒之道，而学人有地域南北的不同。菩提自性也是不二的，而学人的觉醒过程有快慢不同。什么叫作顿渐？法是法尔如是的，并没有所谓的顿渐。只是因为学人的根机有利有钝，所以为利根人设顿教，为钝根人设渐教，才形成两个不同的法门。

"然秀之徒众往往讥南宗祖师不识一字，有何所长？"但神秀的弟子们往往对惠能不以为然，讥讽他连字都不认识，难道会有什么过人之处吗？

"秀曰：他得无师之智，深悟上乘，吾不如也。且吾师五祖亲传衣法，岂徒然哉！吾恨不能远去亲近，虚受国恩。汝等诸人毋滞于此，可往曹溪参决。"神秀听到后就批评他们说：他得到的是无师自通的智慧，直探心地，超越文字，对最上乘法深有体悟，我是比不上的。而且我的师父五祖弘忍亲自把衣钵传给他，哪里会没理由地妄传呢？只可惜我得住持道场，不能远去亲近闻法，在这里虚受国家的恩泽。你们这些人不要总是留在此地，应该去曹溪参访六祖，对生死大事得一决定。

以下，介绍三位北宗学人参礼六祖的不同经历。

# 一、接引志诚，开示戒定慧

一日，命门人志诚曰："汝聪明多智，可为吾到曹溪听法。若有所闻，尽心记取，还为吾说。"志诚禀命至曹溪，随众参请，不言来处。

时，祖师告众曰："今有盗法之人，潜在此会。"志诚即出礼拜，具陈其事。师曰："汝从玉泉来，应是细作。"对曰："不是。"

师曰："何得不是？"对曰："未说即是，说了不是。"

师曰："汝师若为示众？"对曰："常指诲大众，住心观静，长坐不卧。"

师曰："住心观静，是病非禅。长坐拘身，于理何益？听吾偈曰：生来坐不卧，死去卧不坐。一具臭骨头，何为立功课？"

志诚再拜曰："弟子在秀大师处学道九年，不得契悟。今闻和尚一说，便契本心。弟子生死事大，和尚大慈，更为教示。"

师云："吾闻汝师教示学人戒定慧法，未审汝师说戒定慧行相如何？与吾说看。"

诚曰："秀大师说，诸恶莫作名为戒，诸善奉行名为慧，自净其意名为定。彼说如此，未审和尚以何法诲人？"

师曰："吾若言有法与人，即为诳汝。但且随方解缚，假名三昧。如汝师所说戒定慧，实不可思议。吾所见戒定慧又别。"

志诚曰："戒定慧只合一种，如何更别？"

师曰："汝师戒定慧，接大乘人；吾戒定慧，接最上乘人。悟解不同，见有迟疾。汝听吾说，与彼同否？吾所说法不离自性，离体说法，名为相说，自性常迷。须知一切万法，皆从自性起用，是真戒定慧法。听吾偈曰：心地无非自性戒，心地无痴自性慧，心地无乱自性定。不增不减自金刚，身去身来本三昧。"

诚闻偈悔谢，乃呈一偈曰："五蕴幻身，幻何究竟？回趣真如，法还不净。"

师然之。复语诚曰："汝师戒定慧，劝小根智人；吾戒定慧，劝大根智人。若悟自性，亦不立菩提涅槃，亦不立解脱知见。无一法可得，方能建立万法。若解此意，亦名佛身，亦名菩提涅槃，亦名解脱知见。见性之人，立亦得，不立亦得。去来自由，无滞无碍。应用随作，应语随答。普见化身，不离自性，即得自在神通，游戏三昧，是名见性。"

志诚再启师曰："如何是不立义？"师曰："自性无非、无痴、无乱，念念般若观照，常离法相，自由自在，纵横尽得，有何可立？自性自悟，顿悟顿修，亦无渐次，所以不立一切法。诸法寂灭，有何次第？"

志诚礼拜，愿为执侍，朝夕不懈。


首先是接引志诚，为他开示戒定慧的真义，并指出顿渐二教的差别所在。

"一日，命门人志诚曰：汝聪明多智，可为吾到曹溪听法。若有所闻，尽心记取，还为吾说。"一天，神秀对门人志诚说：你聪明而有智慧，可以代替我到曹溪闻法。如果听到什么，要尽力记住，回来如实地转告我。

"志诚禀命至曹溪，随众参请，不言来处。"志诚接受这个使命后就前往曹溪，跟随众人参学，也不说自己来自哪里。

"时，祖师告众曰：今有盗法之人，潜在此会。志诚即出礼拜，具陈其事。"一次，六祖上堂说法时对大众说：现在有盗法者潜伏在此。志诚就出来礼拜，详细说明事情的原委。

"师曰：汝从玉泉来，应是细作。对曰：不是。"六祖说：你从玉泉来，应该是奸细。志诚说：我不是。

"师曰：何得不是？对曰：未说即是，说了不是。"六祖说：为什么不是呢？志诚说：我没有说的时候是，在我说了之后就不是。其实，烦恼即菩提也是这样。见道之前，烦恼就是烦恼。一旦见性，烦恼和菩提的本质都是空性，都是了不可得的。

"师曰：汝师若为示众？"六祖问：你师父怎么给大众开示的呢？

"对曰：常指诲大众，住心观静，长坐不卧。"志诚回答说：我师父神秀大师经常教诲大众，要把心安住于清净、寂静的所缘，保持观照，还要精进禅修，长坐不卧，也就是夜不倒单。如果从常规的禅修来说，住心观静是没什么问题的，也是修行方式之一。但从顿教法门的见地来看，住心观静就是心有所住，反而会障碍见性。

"师曰：住心观静，是病非禅。长坐拘身，于理何益？"所以六祖说：通过观照保持内心的清净和宁静，是造作而不是禅修。如果长坐不卧，只能束缚自己的身体，对通达真谛有什么帮助呢？通常，禅修都是有所止，是先设一个落脚处，最后再把这个落脚处扫掉。而顿教法门属于无所止，直接体认觉性，并不需要建立什么支撑点。所以在惠能看来，打坐只是辅助手段，如果执著于坐相，以长坐不卧为能事，反而是误入歧途了。因为禅是对觉性的体认，应该时刻体认，"行亦禅，坐亦禅，语默动静体安然"，而不是执著于某种形式。

"听吾偈曰：生来坐不卧，死去卧不坐。一具臭骨头，何为立功课？"针对这个问题，惠能大师说：你们听我的偈颂。我们活着时多半是坐着而不是躺着，死后就只能躺在那里，再也坐不起来。这个色身不过是一具臭骨头，哪里值得在上面下多少功夫？也就是说，静坐固然是禅修方式之一，但只是途径而不是根本，不应舍本逐末，执著于坐相。如果以坐着不动为能事，为修行的全部，就用错功夫了。

"志诚再拜曰：弟子在秀大师处学道九年，不得契悟。今闻和尚一说，便契本心。弟子生死事大，和尚大慈，更为教示。"志诚再次顶礼说：弟子在神秀大师那里学法九年，并没有什么证悟。现在听到和尚的开示，一下子就契入本心。对弟子来说，了生脱死才是头等大事，希望和尚慈悲弟子，进一步教授用心之道。

"师云：吾闻汝师教示学人戒定慧法，未审汝师说戒定慧行相如何？与吾说看。"六祖说：我听说你师父神秀经常为学人开示戒定慧的修行，不知你师父是怎么讲解戒定慧的？且说来给我听听。

"诚曰：秀大师说，诸恶莫作名为戒，诸善奉行名为慧，自净其意名为定。彼说如此，未审和尚以何法诲人？"志诚答道：神秀大师说，止息所有恶行就是戒，奉行一切善法就是慧，净化自己的身口意三业就是定。神秀大师就是这么说的，不知和尚又是用什么教法开导徒众？

"师曰：吾若言有法与人，即为诳汝。"六祖说：如果我说自己有什么法教授他人，这是骗你的。《金刚经》说："若人言如来有所说法，即为谤佛，不能解我所说故。"同样，祖师也是无法与人的，在他体会到的空性层面，是无所住、无所得的，也是无可言说的。不像凡夫，会觉得我有什么想法告诉你，有什么法门传授你，祖师大德并没有这些。

"但且随方解缚，假名三昧。"如果无法可说，六祖又该怎么引导弟子呢？不过是根据弟子们的根机，解去他们的束缚，并将这种方法假称为三昧而已。禅宗有一句话，叫作"解粘去缚"。当我们的心粘到五欲六尘，为之所缚时，祖师只是告诉你如何将它解开。如果没被粘上，就什么都不必做了，否则反而是头上安头，多此一举。因为众生本自具足圆满的菩提自性，只因无明执著，才制造种种妄想烦恼，作茧自缚。佛教的一切法门，无非是帮助我们解套。除此以外，没什么需要做的。

"如汝师所说戒定慧，实不可思议。吾所见戒定慧又别。"六祖说：像你师父所说的戒定慧，实在是不可思议，但我见到的戒定慧又有所不同。

"志诚曰：戒定慧只合一种，如何更别？"志诚不解：戒定慧只有一种，怎么会有差别呢？

"师曰：汝师戒定慧，接大乘人；吾戒定慧，接最上乘人。悟解不同，见有迟疾。汝听吾说，与彼同否？"六祖说：你师父所说的戒定慧是接引大乘根机者，而我所说的戒定慧是接引最上乘根机者。因为人的根机不同，领悟能力不同，所以见性有快有慢。你且听我说一下，看看和他说的是否相同？

"吾所说法不离自性，离体说法，名为相说，自性常迷。"六祖说：我所说的一切法，不论是三皈、忏悔、禅定还是净土，都不离菩提自性。如果离开觉悟本体而说法，只是停留在形式和概念上的说法。即使能说得天花乱坠，内心往往还是处于迷的状态。因为没有见性，只会做做表面文章而已。

"须知一切万法，皆从自性起用，是真戒定慧法。"要知道，一切万法都是从自性生起的作用，不论善法还是恶法，也不论清净还是染污，从来没有离开过菩提自性。必须看到这一点，才能成就真正的戒定慧。

"听吾偈曰：心地无非自性戒，心地无痴自性慧，心地无乱自性定。"你再听我说一首偈颂：安住于菩提自性，内心自然没有是非曲直，本身就具足戒律，为自性戒。安住于菩提自性，内心自然没有愚痴烦恼，本身就具足智慧，为自性慧。安住于菩提自性，内心自然没有纷扰恼乱，本身就如如不动，为自性定。这是《坛经》非常重要的开示，说明戒定慧是一体无别的，都是自性的不同作用。

"不增不减自金刚，身去身来本三昧。"内在觉性是本来圆满的，就像坚固不坏的金刚一样，不会因为遇到什么情况就有所增加，或是到了什么环境就随之减少，它从来都是不增不减的。当我们体认到觉性不动的本体，就能在安住的同时应化无方。虽然有来去的显现，实际却无所谓来、也无所谓去。

"诚闻偈悔谢，乃呈一偈曰：五蕴幻身，幻何究竟？回趣真如，法还不净。"志诚听闻后再次向六祖忏悔，并以偈颂报告心得：五蕴假合的幻化之身，总是在无止境的生灭中，刹那不停，何时能得究竟？但如果觉得有趣向真如的想法，也是造作的，不是清净的法。

"师然之，复语诚曰：汝师戒定慧，劝小根智人；吾戒定慧，劝大根智人。"六祖对他的心得给予肯定，再次告诫他说：你师父神秀所说的戒定慧，是引导小根机者。我所说的戒定慧，是引导大根机者。至于按什么来修，须量力而行。如果本身是小根者，却要修无上法，可能修一辈子都找不到法门。

"若悟自性，亦不立菩提涅槃，亦不立解脱知见。"如果体认到内在觉性，了知没有实在的菩提，也没有实在的涅槃，就不需要建立菩提、涅槃这些概念了，也不需要建立什么解脱知见。所有这些概念和说法，都是在世俗谛的层面而建立的，在空性层面是没有这些的。

"无一法可得，方能建立万法。若解此意，亦名佛身，亦名菩提涅槃，亦名解脱知见。"体认到没有一法可得，才是真正了悟空性，才能从空出有，建立万法。如果领会其中深意，体认到觉悟本体，也可以叫佛身，也可以叫菩提涅槃，也可以叫解脱知见。换言之，这些都是名异而义一，虽然安立不同的假名，实际是一回事。

"见性之人，立亦得，不立亦得。"真正见性的人，安立或不安立假名都可以悟入。有所立，也不会执著，知道这是方便假立。没有所立，也不会觉得缺少什么，知道觉性本来就超越这些假名。反之，对于没有见性的人，立就会执著于立，不立就会执著于空，终归是错。

"去来自由，无滞无碍。应用随作，应语随答。"安住觉性，就能来去自由，没有任何障碍。众生需要你为他们做什么，就可以做些什么；需要你为他们答什么，就可以答些什么。虽然做，虽然说，但内心是无住、无所得的。

"普见化身，不离自性，即得自在神通，游戏三昧，是名见性。"还能示现种种身相，做种种事情，但都没有离开觉悟本体，所谓"万变不离其宗"。弘法利生如此，穿衣吃饭也是如此，这就是自在神通和游戏三昧。能够达到这样的境界，就可称之为见性了。

"志诚再启师曰：如何是不立义？"志诚再次请问六祖说：什么是不立的真义呢？这个立，就是前面所说的"不立菩提涅槃"，乃至"立亦得，不立亦得"的"立"。

"师曰：自性无非、无痴、无乱，念念般若观照，常离法相，自由自在，纵横尽得，有何可立？"六祖说：菩提自性是没有是非、没有愚痴、没有动乱的，每一念都安住于智慧观照，所以能超越一切相的束缚，自由自在，做任何事都能从心所欲不逾矩，哪有什么需要立的呢？

"自性自悟，顿悟顿修，亦无渐次，所以不立一切法。诸法寂灭，有何次第？"菩提自性必须自己体认，任何人无法替代。想要顿悟见性，就要根据顿教法门修行，这是一超直入如来地的捷径，没有次第可言，所以不立一切法。所谓次第，即修行过程中需要遵循的、由浅入深的次序。在觉性层面，一切都是本自具足的，本来就是寂灭、圆满而清净的，有什么次第可言？

"志诚礼拜，愿为执侍，朝夕不懈。"志诚听了这些开示后，再次礼拜六祖，希望留在六祖身边。其后，侍奉左右，朝夕都不懈怠。

# 二、接引志彻，开示佛性义

僧志彻，江西人，本姓张，名行昌，少任侠。自南北分化，二宗主虽亡彼我，而徒侣竞起爱憎。时，北宗门人自立秀师为第六祖，而忌祖师传衣为天下闻，乃嘱行昌来刺师。

师心通，预知其事，即置金十两于座间。时夜暮，行昌入祖室，将欲加害。师舒颈就之，行昌挥刃者三，悉无所损。

师曰："正剑不邪，邪剑不正。只负汝金，不负汝命。"

行昌惊仆，久而方苏，求哀悔过，即愿出家。

师遂与金，言："汝且去，恐徒众翻害于汝。汝可他日易形而来，吾当摄受。"

行昌禀旨宵遁，后投僧出家，具戒精进。

一日，忆师之言，远来礼觐。师曰："吾久念汝，汝来何晚？"

曰："昨蒙和尚舍罪，今虽出家苦行，终难报德，其惟传法度生乎。弟子常览《涅槃经》，未晓常、无常义。乞和尚慈悲，略为解说。"

师曰："无常者，即佛性也。有常者，即一切善恶诸法分别心也。"

曰："和尚所说，大违经文。"

师曰："吾传佛心印，安敢违于佛经？"

曰："经说佛性是常，和尚却言无常。善恶诸法乃至菩提心皆是无常，和尚却言是常。此即相违，令学人转加疑惑。"

师曰："《涅槃经》，吾昔听尼无尽藏读诵一遍，便为讲说，无一字一义不合经文。乃至为汝，终无二说。"

曰："学人识量浅昧，愿和尚委曲开示。"

师曰："汝知否？佛性若常，更说什么善恶诸法，乃至穷劫，无有一人发菩提心者。故吾说无常，正是佛说真常之道也。又，一切诸法若无常者，即物物皆有自性容受生死，而真常性有不遍之处。故吾说常者，正是佛说真无常义。佛比为凡夫外道执于邪常，诸二乘人于常计无常，共成八倒。故于涅槃了义教中，破彼偏见，而显说真常、真乐、真我、真净。汝今依言背义，以断灭无常及确定死常，而错解佛之圆妙最后微言。纵览千遍，有何所益？"

行昌忽然大悟，说偈曰："因守无常心，佛说有常性。不知方便者，犹春池拾砾。我今不施功，佛性而现前。非师相授与，我亦无所得。"

师曰："汝今彻也，宜名志彻。"彻礼谢而退。


其次，是六祖对志彻的接引，主要是关于《涅槃经》佛性思想的开示。这是《坛经》中第四次提到《涅槃经》，可见此经与顿教法门渊源颇深。

"僧志彻，江西人，本姓张，名行昌，少任侠。自南北分化，二宗主虽亡彼我，而徒侣竞起爱憎。"僧人志彻是江西人，俗家姓张，名行昌，年轻时很有侠气。自从南北二宗分化后，神秀和惠能两位宗主虽然没有你我之分，但徒众们难免因为我执而产生对立乃至爱憎。

"时，北宗门人自立秀师为第六祖，而忌祖师传衣为天下闻，乃嘱行昌来刺师。"当时，北宗门人自己拥立神秀为禅宗第六祖，但忌讳五祖传衣钵于惠能的事天下都有传闻，让神秀这个第六祖做得名不正言不顺，所以就找张行昌来刺杀六祖。

"师心通，预知其事，即置金十两于座间。时夜暮，行昌入祖室，将欲加害。师舒颈就之，行昌挥刃者三，悉无所损。"六祖有他心通，预先已经知道此事，所以就放了十两金子在房间的座位上。到了晚上，张行昌潜入六祖房间，准备加害于他。六祖伸着脖子任他砍，张行昌挥刀砍了三下，但六祖没有受到任何伤害。

"师曰：正剑不邪，邪剑不正。只负汝金，不负汝命。"六祖对他说：如果是正义之剑，就不会有邪心夹杂其间。如果是邪心用剑，就不是侠客的正义行为。我只欠了你的钱，但没有欠你的命。

"行昌惊仆，久而方苏，求哀悔过，即愿出家。"张行昌闻言大惊，吓得晕倒过去，良久方才苏醒，表示悔过并恳求六祖宽恕，还发愿要出家修行。

"师遂与金，言：汝且去，恐徒众翻害于汝。汝可他日易形而来，吾当摄受。"六祖把金子给他说：你赶快走吧，等下我的弟子们知道后是不会饶过你的，恐怕会加害于你。日后，你可以改变身份前来，我自然会摄受你。

"行昌禀旨宵遁，后投僧出家，具戒精进。"张行昌听从六祖的劝告，连夜逃走。后来出家为僧，严持戒律，非常精进。

"一日，忆师之言，远来礼觐。"有一天，张行昌突然想到六祖对他的嘱咐，就远道而来，参拜六祖。

"师曰：吾久念汝，汝来何晚？"六祖说：我念叨你很久了，怎么来得这么晚？

"曰：昨蒙和尚舍罪，今虽出家苦行，终难报德，其惟传法度生乎。"张行昌说：当年承蒙和尚宽宏大量，饶恕我的罪过。虽然我现在出家修习苦行，还是难以报答这个大恩大德。今后只有好好修行，弘扬佛法，度化众生，才能报此恩于万一。

"弟子常览《涅槃经》，未晓常、无常义。乞和尚慈悲，略为解说。"接着，行昌又提出他在修学中的疑问：弟子经常阅读《涅槃经》，但不了解有常和无常的深意。恳请和尚慈悲，为我略作讲解。

"师曰：无常者，即佛性也。有常者，即一切善恶诸法分别心也。"六祖说：无常的，就是佛性。有常的，就是一切善恶诸法以及分别心。

"曰：和尚所说，大违经文。"张行昌说：和尚所说的，与经文完全相违。事实上，六祖提出的这个说法不仅张行昌难以接受，凡略通教理者，恐怕都会感到惊讶。通常，我们总是说诸法无常，而佛性是常乐我净的。为什么六祖要反其道而行之呢？须知，这个说法是有针对性的。因为凡夫说佛性是常，其实是有执著的，是一种遍计所执意义上的常。佛性虽然包含常和无常两个层面，但本身是超越常和无常的。从体上来说是常，从用上来说是无常。至于说一切诸法的无常，也是片面理解的无常，不是缘起意义上的无常。其实，一切无常现象的当下并没有离开觉悟本体，没有离开常。可见，每一法都包含常和无常两个层面。但凡夫的认识总是落于两边，或执著于常，或执著于无常。所以六祖特别针对这个问题，说佛性是无常而一切诸法是常，这个说法正是为了打破我们对常和无常的执著。

"师曰：吾传佛心印，安敢违于佛经？"六祖说：我是传佛心印，怎么敢违背佛经？

"曰：经说佛性是常，和尚却言无常。善恶诸法乃至菩提心皆是无常，和尚却言是常。此即相违，令学人转加疑惑。"行昌说：经中分明说佛性是常，可是和尚却说无常。经中分明说善恶诸法乃至菩提心都是无常，可和尚却说是常。这就与经文相违背，您的开示让我更加迷惑了。张行昌本来是请六祖解惑的，现在非但没得到想要的回答，反而如堕五里雾中，不知所措。

"师曰：《涅槃经》，吾昔听尼无尽藏读诵一遍，便为讲说，无一字一义不合经文。乃至为汝，终无二说。"六祖说：关于《涅槃经》，我当年听无尽藏比丘尼读诵过一遍，就为她进行解说，没有一个字或一点理解是不符合经意的。现在为你讲解，也没有第二种不同的说法。因为六祖是安住觉性产生的认识，所见是本来如此的。如果通过理性的思惟，认识终归是不究竟的。

"曰：学人识量浅昧，愿和尚委曲开示。"行昌说：学人对法的认识非常浅陋，希望和尚慈悲为我解说，开显其中蕴含的甚深义理。

"师曰：汝知否？佛性若常，更说什么善恶诸法，乃至穷劫，无有一人发菩提心者。故吾说无常，正是佛说真常之道也。"六祖说：你知道吗？如果说佛性是恒常的，那它就是固定不变的，就不可能产生作用。正因为佛性有无常的一面，所以才能妙用无方，否则就谈不上产生善恶诸法了。乃至无量劫，都不会有一个人能发起菩提心。所以我说的无常，正符合佛说的真常之道。事实上，真常之道是超越常与无常的，同时具备有常与无常两个特征，如果单纯理解佛性是常而没有无常的作用，是有失偏颇的。

"又，一切诸法若无常者，即物物皆有自性容受生死，而真常性有不遍之处。故吾说常者，正是佛说真无常义。"如果说一切诸法是无常的，没有常的层面，也是片面的，等于说万物皆有的觉性也在接受生死。那么，它所具备的不生不灭的特性就有不周遍之处了。所以我说的常，就是佛说无常的真义。一切缘起现象的当下就是空性，一切有限的当下就是无限，如果片面执著于无常，忽略常的层面，也是不完整的。因此，在了知一切法无常的同时，还要理解一切法的空性，即常的层面。换言之，无常包括常与无常两面，佛陀说一切法无常，是要帮助我们去理解空性，这正是无常的本质，是无常的另一面。

"佛比为凡夫外道执于邪常，诸二乘人于常计无常，共成八倒。故于涅槃了义教中，破彼偏见，而显说真常、真乐、真我、真净。"佛陀因为凡夫和外道执著于常见，而二乘人则于常中执著于无常，共有八种颠倒的认识，所以在《涅槃经》这一了义教法中，针对这些错误观点进行破除。破除偏于一边的常见和无常见，开显超越常与无常的真常、真乐、真我和真净。当然我们也不可以执此常、乐、我、净，否则又同于世间或外道之见了。

"汝今依言背义，以断灭无常及确定死常，而错解佛之圆妙最后微言，纵览千遍，有何所益？"六祖接着批评说：你现在依文解义，违背佛言，把生死断灭作为无常，把固定僵化作为常，片面理解佛陀最后宣说的圆满精妙的微言大义，即使读诵千遍《涅槃经》，又有什么用处呢？

"行昌忽然大悟，说偈曰。"行昌听了六祖的开示之后，恍然大悟，说了一首偈颂来报告闻法心得。

"因守无常心，佛说有常性。不知方便者，犹春池拾砾。"因为有人执著于无常，所以佛陀在《涅槃经》中说涅槃的恒常。如果不知道这是佛陀的方便说法，执以为究竟，就像在春天美妙的水池中，只捡到一片瓦石。事实上，佛陀说常或无常都是一种方便。说常是为了破除无常，而不是让我们去执著于常；说无常是为了破除常见，而不是让我们去执著于无常。只有破除常和无常的执著后，我们才能超越二边，证得真常之性。

"我今不施功，佛性而现前。非师相授与，我亦无所得。"我们现在放下各种执著和有功用行，佛性就自然显现了。这个佛性是本自具足的，不是老师传给我的，也不是佛陀传给我的，而是我们的自家宝藏。正因为本自具足，虽然佛性现前，还是无所得的。本来没有，才能谓之得。既然本来就有，有什么得不得呢？

"师曰：汝今彻也，宜名志彻。彻礼谢而退。"六祖说：你今天的确是彻悟了，应该更名叫作志彻。志彻非常感谢，作礼而退。

# 三、接引神会，说见不见义

有一童子，名神会，襄阳高氏子，年十三，自玉泉来参礼。

师曰："知识远来艰辛，还将得本来否？若有本则合识主，试说看。"

会曰："以无住为本，见即是主。"

师曰："这沙弥争合取次语。"

会乃问曰："和尚坐禅，还见不见？"

师以柱杖打三下，云："吾打汝痛不痛？"

对曰："亦痛亦不痛。"

师曰："吾亦见亦不见。"

神会问："如何是亦见亦不见？"

师云："吾之所见，常见自心过愆，不见他人是非好恶，是以亦见亦不见。汝言亦痛亦不痛如何？汝若不痛，同其木石；若痛，则同凡夫，即起恚恨。汝向前见不见是二边，痛不痛是生灭。汝自性且不见，敢尔弄人？"

神会礼拜悔谢。

师又曰："汝若心迷不见，问善知识觅路。汝若心悟，即自见性，依法修行。汝自迷不见自心，却来问吾见与不见。吾见自知，岂代汝迷？汝若自见，亦不代吾迷。何不自知自见，乃问吾见与不见？"

神会再礼百余拜，求谢过愆。服勤给侍，不离左右。

一日，师告众曰："吾有一物，无头无尾，无名无字，无背无面，诸人还识否？"

神会出曰："是诸佛之本源，神会之佛性。"

师曰："向汝道无名无字，汝便唤作本源佛性。汝向去有把茆盖头，也只成个知解宗徒。"

祖师灭后，会入京洛，大弘曹溪顿教。著《显宗记》，盛行于世（是为荷泽禅师）。

第三是接引神会。神会是禅宗发展史上的一个重要人物，对弘扬顿教法门作了很多努力，并著有《显宗记》等，由此确立南宗在禅宗史上的正统地位，可谓贡献巨大。

"有一童子，名神会，襄阳高氏子，年十三，自玉泉来参礼。"有位名叫神会的少年，是襄阳高氏的儿子，十三岁那年，自神秀住持的玉泉寺前来参礼六祖。

"师曰：知识远来艰辛，还将得本来否？若有本则合识主，试说看。"知识，是六祖对求法者的客气称呼。主，即主人翁。六祖问他说：你远道而来，很是辛苦。见到本来面目了吗？如果见到，应该了解生命的主人，请说来听听。禅宗的修行，是要我们了悟生命之本，像永嘉禅师说的"但得本，莫愁末"。这个"本来"，正是整个修行的基础。

"会曰：以无住为本，见即是主。"神会回答说：心无所住就是本，能见的心就是主人。这个见，就是生命的自主作用。

"师曰：这沙弥争合取次语。"六祖说：这个沙弥怎么说得那么轻率呢？或者说，对这个问题的认识怎么那么草率，那么轻飘飘的呢？因为这是了生脱死的大事，不是斗机锋，图个嘴上痛快。

"会乃问曰：和尚坐禅，还见不见？"神会反问六祖说：和尚坐禅的时候，是见还是不见呢？

"师以柱杖打三下，云：吾打汝痛不痛？"六祖就用拐杖打了神会三下，问说：我打你的时候，是痛还是不痛呢？

"对曰：亦痛亦不痛。"神会回答说：也痛也不痛。

"师曰：吾亦见亦不见。"六祖说：我也见到，也没有见到。

"神会问：如何是亦见亦不见？"神会问：什么是也见到，也没有见到？在我们的认识中，见到就是见到，没见到就是没见到，怎么会又见又不见的呢？

"师云：吾之所见，常见自心过愆，不见他人是非好恶，是以亦见亦不见。汝言亦痛亦不痛如何？汝若不痛，同其木石；若痛，则同凡夫，即起恚恨。"六祖道：我说的所见，是经常见到自己的过失。我说的不见，是不去看他人的是非好恶。所以说，也看见也没看见。但你说的也痛也不痛是怎么回事呢？你如果不痛，就像木石一样毫无知觉。你如果痛的话，就像凡夫那样心生嗔恨。

"汝向前见不见是二边，痛不痛是生灭。汝自性且不见，敢尔弄人？"六祖接着说：你之前所说的见和不见是落于两边，而见性是超越见或不见的。至于你说痛和不痛的时候，又是落于生灭之上。你自己尚未见性，怎么还敢来质问别人？僧肇在《般若无知论》中说："般若无知，无所不知。"般若无知的知，不是意识层面的知，也不是木头一样的无知，所以不属于知或不知的范畴。见性也是同样，不在于见，也不在于不见。见或不见的问话本来就属于二边，而见性是要超越二边的。

"神会礼拜悔谢。"神会听了这番开示之后，礼拜忏悔，感谢六祖指点。

"师又曰：汝若心迷不见，问善知识觅路。汝若心悟，即自见性，依法修行。汝自迷不见自心，却来问吾见与不见。"六祖又对他说：如果你内心处于迷惑中，见不到本性，就该老老实实地向善知识问路，请求指点迷津。如果你已经证悟，见到自己的本性，就应该踏踏实实地依法修行。现在你还在迷妄中，没有见到心的本来，却来问我见不见，对自身修学有什么意义呢？这是告诫神会切勿少年轻狂，徒逞口舌之利，对修行有百害而无一利。这种现象在当今学佛者中也为数不少，自己还一无是处，却拿着看来的只言片语四处质疑别人。如果对方不知，本来就不必问；如果对方知道，因为你没有正确的求法心态，也是不得受用的。

"吾见自知，岂代汝迷？汝若自见，亦不代吾迷。何不自知自见，乃问吾见与不见？"六祖接着说：我见没见到，自己一清二楚，了了分明。但我的所见，能解决你的迷惑吗？如果你有所见，也无法解决我的迷惑。既然不能替代，我们何不自修自得，赶紧明心见性，为什么来问我见还是没见呢？这对你的证悟有什么帮助呢？纯粹是不知天高地厚的表现。

"神会再礼百余拜，求谢过愆。服勤给侍，不离左右。"神会毕竟是个法器，听了这番批评后，立刻认识到自身问题所在，再度忏悔，顶礼百拜，请求六祖原谅其过失。之后，对六祖殷勤侍奉，常随左右。

"一日，师告众曰：吾有一物，无头无尾，无名无字，无背无面，诸人还识否？"一天，六祖对大众说："我有个东西，没有头也没有尾，没有名也没有字，没有背面也没有正面，你们认识吗？

"神会出曰：是诸佛之本源，神会之佛性。"神会站出来回答说：这就是诸佛所以成佛的根本，也是神会本自具足的佛性。这个回答看似正确，其实又贴上了一个标签。

"师曰：向汝道无名无字，汝便唤作本源佛性。汝向去有把茆盖头，也只成个知解宗徒。"茆，同茅。六祖说：我不是已经和你们说过，没有名也没有字，你为什么还要把它叫作本源佛性，为什么还要贴上这些标签？你这样的知见，即使将来到哪里结个草庵，用茅草盖在头上遮蔽风雨，看着像个禅者的样子，实际却仍是个停留于知见概念的人。"把茆盖头"的另一层意思，是说神会已被概念困住，障碍了对真理的认识。这也是读书人学佛最容易出现的毛病，把知识层面的认知当作事实层面的认知。禅宗之所以说不立文字，就是让学人超越知识和概念，直接体认事物的本来面目。

"祖师灭后，会入京洛，大弘曹溪顿教。著《显宗记》，盛行于世（是为荷泽禅师）。"六祖入灭后，神会来到京都洛阳，大力弘扬曹溪六祖的顿教法门。并著有《显宗记》一书，在世间广为盛行，使人们认识到顿教法门及其殊胜，对发展南宗一脉起到了极大的推动作用。当时的人们称其为荷泽禅师。


师见诸宗难问，咸起恶心，多集座下，愍而谓曰："学道之人，一切善念恶念应当尽除。无名可名，名于自性。无二之性，是名实性。于实性上建立一切教门，言下便须自见。"

诸人闻说，总皆作礼，请事为师。


"师见诸宗难问，咸起恶心，多集座下，愍而谓曰：学道之人，一切善念恶念应当尽除。"六祖看到各宗派不是为了厘清法义进行辩论，而是带着人我是非之心互相问难，并有不少这样的人聚集到座下，就以慈悲心告诫大众说：学道的人，对于一切善念和恶念都要彻底断除。为什么这么说呢？难道是让学人不辨善恶吗？须知，学佛之初固然要分辨善恶，但要证得觉性，就应超越对善恶的执著，正如《金刚经》所说："以无我、无人、无众生、无寿者修一切善法，即得阿耨多罗三藐三菩提。"如果还有善恶之别，就是落在对念头的执著中，是不可能见性的。

"无名可名，名于自性。无二之性，是名实性。于实性上建立一切教门，言下便须自见。"这个不思善、不思恶的境界，无法以什么名称来命名，只能暂且假称为自性。能够超越善恶二元对立，才是真正的菩提自性。安住于这个自性，可以建立种种方便，建立八万四千法门。对于这一点，关键是你们自己要从当下去体认。

"诸人闻说，总皆作礼，请事为师。"大众听了六祖的开示，一同向六祖顶礼，请求他作为修行的导师。

《顿渐品》和《机缘品》的体例接近，都是记载六祖对弟子们的引导和开示。二者的不同在于，《顿渐品》中的三位来自玉泉寺，其中前两位并不是为求法而来，他们能与六祖结缘，只是源于顿渐之争。志诚是被派来听听六祖说什么，志彻（张行昌）是被派来刺杀六祖，神会则是日后推动顿教弘扬的关键人物。但本品的重点不是在说故事，而是从法义上，说明顿教和渐教的不同立足点，以及各自接引的不同根机。用现在的话说，就是面向不同的目标群体。作为修学者，我们在了解各个法门的同时，也要衡量自身根机，选择修起来最能相应的那个，而不是一味求高求快。法法平等，只有适合自己的，才是对的，才是最好的。

# 【宣诏品第九】

启动
内在智慧的
钥匙

　　《宣诏品》主要介绍朝廷对六祖的护持，以及六祖对传诏使臣的开示。

# 一、驰诏迎请

　　神龙元年上元日，则天中宗诏云："朕请安、秀二师，宫中供养。万机之暇，每究一乘。二师推让云：南方有能禅师，密授忍大师衣法，传佛心印，可请彼问。今遣内侍薛简，驰诏迎请。愿师慈念，速赴上京。"

　　师上表辞疾，愿终林麓。薛简曰："京城禅德皆云，欲得会道，必须坐禅习定。若不因禅定而得解脱者，未之有也。未审师所说法如何？"

　　师曰："道由心悟，岂在坐也？经云：若言如来若坐若卧，是行邪道。何故？无所从来，亦无所去，无生无灭，是如来清净禅。诸法空寂，是如来清净坐。究竟无证，岂况坐耶？"

　　简曰："弟子回京，主上必问。愿师慈悲，指示心要，传奏两宫及京城学道者。譬如一灯然百千灯，冥者皆明，明明无尽。"

师云："道无明暗，明暗是代谢之义。明明无尽，亦是有尽，相待立名故。《净名经》云：法无有比，无相待故。"

简曰："明喻智慧，暗喻烦恼。修道之人傥不以智慧照破烦恼，无始生死凭何出离？"

师曰："烦恼即是菩提，无二无别。若以智慧照破烦恼者，此是二乘见解，羊鹿等机，上智大根悉不如是。"

简曰："如何是大乘见解？"

师曰："明与无明，凡夫见二。智者了达，其性无二。无二之性，即是实性。实性者，处凡愚而不减，在贤圣而不增，住烦恼而不乱，居禅定而不寂。不断不常，不来不去，不在中间及其内外。不生不灭，性相如如，常住不迁，名之曰道。"

简曰："师说不生不灭，何异外道？"

师曰："外道所说不生不灭者，将灭止生，以生显灭，灭犹不灭，生说不生。我说不生不灭者，本自无生，今亦不灭，所以不同外道。汝若欲知心要，但一切善恶都莫思量，自然得入清净心体，湛然常寂，妙用恒沙。"

第一部分，是中宗诏请六祖时，六祖对使臣薛简的开示。

"神龙元年上元日，则天中宗诏云：朕请安、秀二师，宫中供养。万机之暇，每究一乘。"上元日，即正月十五。安，嵩岳慧安国师，《景德传灯录》记载，"唐贞观中，至黄梅谒忍祖，遂得心要。"一乘，佛法。神龙元年（705年）正月十五的时候，武则天和唐中宗颁布诏书说：朕礼请慧安和神秀两位国师到宫中接受供养，让我们能够在日理万机之余，有机会参究佛法。

"二师推让云：南方有能禅师，密授忍大师衣法，传佛心印，可请彼问。"但两位国师都推让说：南方有惠能禅师，曾得到五祖弘忍大师秘密传授的衣钵和法脉，能够传承佛法心印，应该向他请教。

"今遣内侍薛简，驰诏迎请。愿师慈念，速赴上京。"内侍，太监。所以现在派遣内侍薛简，带着诏书前来迎请。希望大师慈悲顾念我们的向道之心，立刻动身前来京城。

"师上表辞疾，愿终林麓。"对皇帝的邀请，六祖上奏，托病辞谢，希望在林间终老一生。既然六祖不得前往，薛简就向他请教一些佛法问题，以便回去转告颁布诏书的武则天和唐中宗。

"薛简曰：京城禅德皆云，欲得会道，必须坐禅习定。若不因禅定而得解脱者，未之有也。未审师所说法如何？"薛简问：京城禅门大德都说，想要解脱，必须从坐禅入手，从而获得定力。如果不是通过修习禅定而解脱的，从来都没有过。不知大师如何看待这个问题？

"师曰：道由心悟，岂在坐也？"对于这个问题，六祖直截了当地开示说：道是由心体认的，怎么会取决于坐呢？从《坛经》看，六祖似乎有些排斥打坐。事实上，六祖批判的是执著于坐相，或将此作为入道的唯一方式。禅是超越任何形式的，在行住坐卧、穿衣吃饭的每个当下都可以体认。既然不拘形式，自然不会排斥"坐"，因为这也是契入心性的辅助手段，而且是重要手段。但不是唯一，也不是必经之路。修行的重点，是要落在"心"而不是"坐"上。就像牛驾车，如果牛不走，应该打牛而非打车。执著于坐相，就像是在打车而非打牛，打得再辛苦也是枉然。

"经云：若言如来若坐若卧，是行邪道。何故？ 无所从来，亦无所去，无生无灭，是如来清净禅。"为了阐明这个问题，六祖又引《金刚经》为证。经中说："若有人言，如来若来若去，若坐若卧，是人不解我所说义。何以故？ 如来者，无所从来，亦无所去，故名如来。"如果以为，如来也像凡人一样有来有去，有坐有卧，这是不了解如来的表现。为什么这么说呢？ 因为如来坐的时候不执著于坐相，卧的时候不执著于卧相，坐卧都是自在的。如来证得的觉性也是同样，没有来也没有去，没有生也没有灭，这就是如来清净禅。而在证得觉性之前，我们会执著于来去，执著于生死，所以来去、生死都不得自在。

"诸法空寂，是如来清净坐。究竟无证，岂况坐耶？ "体认到一切法的空性和寂静，安住其中，如如不动，就是如来那样清净无染的坐，这才是最高的坐禅。这个坐是超越能所的，是无所坐、无所得的。在究竟意义上说，如来得阿耨多罗三藐三菩提，尚且没有所得，更何况坐呢？ 自然是了不可得的。

"简曰：弟子回京，主上必问。愿师慈悲，指示心要，传奏两宫及京城学道者。譬如一灯然百千灯，冥者皆明，明明无尽。"薛简说：弟子回到京城后，皇帝必然会询问六祖到底说了些什么。希望大师慈悲，为我们指示佛法心要，我会将此传奏太后武则天和中宗皇帝，以及京城的修学者们。这样就能像一盏灯点燃千百万盏灯，让处于无明暗夜的众生获得光明，进而光光相映，灯灯互递，无穷无尽。

"师云：道无明暗，明暗是代谢之义。明明无尽，亦是有尽，相待立名故。"通常，人们都以黑暗代表无明，以光明代表智慧。所以薛简提出要传递佛法光明，以此破除黑暗，殊不知，这样就使光明和黑暗形成二元对立。针对这个观点，六祖对薛简作了重要开示，说明光明和黑暗的本质不二：最高真理是超越明暗的。所谓的明和暗，只是一种相对的表达，是说明二者相互替代，有明无暗，有暗无明。至于说到明明无尽，也是和有尽相待而立名。如果执著于这种相对，是不能证得觉性的。

"《净名经》云：法无有比，无相待故。"所以《维摩诘所说经》说：在最高真理的层面，是没有彼和此的。因为它已超越相对，无所谓明，也无所谓暗，无所谓无尽，也无所谓有尽。只有这样，才能体认绝待的空性。

"简曰：明喻智慧，暗喻烦恼。修道之人倘不以智慧照破烦恼，无始生死凭何出离？"薛简又进一步提出疑问：明是代表智慧，暗是比喻烦恼。修道者如果不以智慧照破烦恼，无始以来的生死怎么出离，又凭什么出离？在教下的常规认识中，世间有智慧，有烦恼，故以智慧照破烦恼。但在禅宗的见地中，却不如是。

"师曰：烦恼即是菩提，无二无别。"六祖说：烦恼就是菩提，两者是没有区别的。这是《坛经》最广为人知的教诲之一，凡对佛教略知一二者，都会对这句话耳熟能详。但它的内涵是什么？如果烦恼就是菩提，我们有的是烦恼，为什么还要学修，为什么还要见性？须知，这个"即是"是本质而非现象的相同。烦恼的原始能量就是菩提，只是经过无明的扭曲，所以呈现出烦恼的形态。

"若以智慧照破烦恼者，此是二乘见解，羊鹿等机，上智大根悉不如是。"如果认为要以智慧照破烦恼，这是二乘的见解，是《法华经》所说的羊车、鹿车的根机，不是大白牛车的根机。对于上根利智者来说，修行并不是这样的。

"简曰：如何是大乘见解？"薛简问：那什么是大乘见解呢？

"师曰：明与无明，凡夫见二。智者了达，其性无二。无二之性，即是实性。"六祖说：明和无明，凡夫认为是两个东西。光明没有出现时，四处一片黑暗。当光明出现时，黑暗到哪里去了？其实是找不到的。可见，离开明之外没有独立的无明。《证道歌》说："无明实性即佛性。"在智者看来，明和无明的本质是一样的，都是觉性，并不是两个东西。超越对明和无明的执著，就能体认其中的实性。

"实性者，处凡愚而不减，在贤圣而不增，住烦恼而不乱，居禅定而不寂。"这个实性就是觉性，作为无明凡夫时不会减少，证得圣道圣果时不会增多。在烦恼状态下不被扰乱，在禅定状态下也不寂灭。在在处处，都是圆满无缺的。无论证得还是没有证得，它都不受影响，没有改变。

"不断不常，不来不去，不在中间及其内外。不生不灭，性相如如。常住不迁，名之曰道。"接着，六祖又进一步说明觉性的特点：它不是断灭，也不是恒常的；不落于来，也不落于去；既不在中间，也不在内外。没有生也没有灭，如如不动，不随外境迁流变化，所以称之为道。

"简曰：师说不生不灭，何异外道？"薛简进一步请教说：您说的这个不生不灭，和外道说的不生不灭有什么不同呢？这难道不是落于常见了吗？

"师曰：外道所说不生不灭者，将灭止生，以生显灭，灭犹不灭，生说不生。"六祖开示说：外道所说的不生不灭，是对立的状态。是以灭作为生的结束，又以生来显示灭，这个灭就不是真正意义上的灭，生也不是真正意义上的生。也就是说，这不是缘起的生灭。

"我说不生不灭者，本自无生，今亦不灭，所以不同外道。"而我现在所说的不生不灭，是从缘起层面而言。生的本身就是不生，因为没有自性的生，有的只是因缘假相而已。透过这个因缘假相，了解到无生的空性。同样，灭也不属于断灭的灭。所以说，完全不同于外道所说的生灭。

"汝若欲知心要，但一切善恶都莫思量，自然得入清净心体，湛然常寂，妙用恒沙。"这句话是顿教的用功之道：如果你想了解这一心法的要领，必须超越对善恶的执著，而不是像教下那样，以断恶修善作为常规道路。只有超越一切二元对待，不思善，不思恶，才能契入心的本体。体会到觉性的光明澄澈，照而常寂，同时还有恒河沙数的无量妙用。

# 二、中宗赐衣钵

简蒙指教，豁然大悟，礼辞归阙，表奏师语。其年九月三日，有诏奖谕师曰："师辞老疾，为朕修道，国之福田。师若净名，托疾毗耶，阐扬大乘，传诸佛心，谈不二法。薛简传师指授如来知见。朕积善余庆，宿种善根，值师出世，顿悟上乘。感荷师恩，顶戴无已，并奉磨衲袈裟及水晶钵。敕韶州刺史修饰寺宇，赐师旧居为国恩寺。

第二部分，是中宗为六祖赐衣钵。

"简蒙指教，豁然大悟，礼辞归阙，表奏师语。"阙，京阙，指皇宫或京城。薛简听闻六祖的开示后，豁然开朗，大有体悟，礼拜六祖后返京，将六祖开示的法语上表朝廷。

"其年九月三日，有诏奖谕师曰：师辞老疾，为朕修道，国之福田。师若净名，托疾毗耶，阐扬大乘，传诸佛心，谈不二法。"净名，维摩诘居士。毗耶，毗耶离城，是维摩诘的住处。当年九月三日，皇帝就有诏书来表彰六祖，内容是：大师因为年迈多疾而推辞入京，愿意终身在山林为朕修道祈福，是国家的福田。大师就像当年的维摩诘大士一样，虽然在毗耶离城托病，实际却在弘扬大乘，传承诸佛心印，说甚深的不二法门。

"薛简传师指授如来知见。朕积善余庆，宿种善根，值师出世，顿悟上乘。感荷师恩，顶戴无已，并奉磨衲袈裟及水晶钵。敕韶州刺史修饰寺宇，赐师旧居为国恩寺。"积善余庆，谓积德行善之家，恩泽及于子孙。磨衲袈裟，高丽国产，世所珍奇。诏书还说：薛简转达了大师传授的如来知见，朕觉得自己宿世积累了极大善根，恩泽此生，才能遇到大师出世，听闻如此甚深的顿悟法门，心开意解。所以非常感念您的师长之恩，顶礼不已，并供养磨衲袈裟和水晶钵。同时，敕令韶州刺史将六祖住持的寺院大举整修，并将六祖新州旧居赐名为国恩寺。

《宣诏品》又名《护法品》，介绍了中宗对六祖的认可和支持，这属于外在的有形的护法。同时，还记载了六祖对中宗使者的开示，阐明顿教法门的见地和用功心要。若能依此修行，见到本来面目，才是真正意义上的护法。

# 【付嘱品第十】

启动
内在智慧的
钥匙

　　最后为《付嘱品》，六祖即将离世，需要对弟子们作一番嘱托。内容包括：传授说法的方便，宣布辞世并付嘱正法的流传，叶落归根，辞别嘱咐和入灭。在这一部分，六祖一而再、再而三地谆谆叮咛，可谓悲心切切。

# 一、传授说法的方便

　　师一日唤门人法海、志诚、法达、神会、智常、智通、志彻、志道、法珍、法如等，曰："汝等不同余人，吾灭度后，各为一方师。吾今教汝说法，不失本宗。先须举三科法门，动用三十六对，出没即离两边，说一切法，莫离自性。忽有人问汝法，出语尽双，皆取对法，来去相因。究竟二法尽除，更无去处。

　　"三科法门者，阴界入也。阴是五阴，色受想行识是也。入是十二入，外六尘色声香味触法，内六门眼耳鼻舌身意是也。界是十八界，六尘、六门、六识是也。自性能含万法，名含藏识。若起思量，即是转识。生六识，出六门，见六尘，如是一十八界，皆从自性起用。自性若邪，起十八邪；自性若正，起十八正。若恶用即众生用，善用即佛用。

"用由何等，由自性有对法。外境无情五对：天与地对，日与月对，明与暗对，阴与阳对，水与火对，此是五对也。法相语言十二对：语与法对，有与无对，有色与无色对，有相与无相对，有漏与无漏对，色与空对，动与静对，清与浊对，凡与圣对，僧与俗对，老与少对，大与小对，此是十二对也。自性起用十九对：长与短对，邪与正对，痴与慧对，愚与智对，乱与定对，慈与毒对，戒与非对，直与曲对，实与虚对，险与平对，烦恼与菩提对，常与无常对，悲与害对，喜与嗔对，舍与悭对，进与退对，生与灭对，法身与色身对，化身与报身对，此是十九对也。"

师言："此三十六对法，若解用即道，贯一切经法，出入即离两边。自性动用，共人言语，外于相离相，内于空离空。若全著相，即长邪见。若全执空，即长无明。执空之人有谤经，直言不用文字。既云不用文字，人亦不合语言，只此语言便是文字之相。又云，直道不立文字，即此不立两字，亦是文字。见人所说，便即谤他言著文字。汝等须知，自迷犹可，又谤佛经。不要谤经，罪障无数。

"若著相于外而作法求真，或广立道场，说有无之过患，如是之人，累劫不得见性。但听依法修行，又莫百物不思，而于道性窒碍。若听说不修，令人反生邪念。但依法修行，无住相法施。汝等若悟，依此说，依此用，依此行，依此作，即不失本宗。

"若有人问汝义，问有将无对，问无将有对，问凡以圣对，问圣以凡对。二道相因，生中道义。如一问一对，余问一依此作，即不失理也。设有人问：何名为暗？答云：明是因，暗是缘，明没即暗，以明显暗，以暗显明，来去相因，成中道义。余问悉皆如此。汝等于后传法，依此转相教授，勿失宗旨。"

首先是传授说法的方便。因为这些弟子日后都要教化一方，需要懂得如何善巧地为大众说法。说法的智慧属于差别智，并不是有了证悟后，必然能口吐莲花，辩才无碍的。

"师一日唤门人法海、志诚、法达、神会、智常、智通、志彻、志道、法珍、法如等，曰：汝等不同余人，吾灭度后，各为一方师。吾今教汝说法，不失本宗。"有一天，六祖将门下的法海、志诚等主要弟子召集座下，对他们说：你们和常人不同，承担着重要使命。在我灭度之后，你们各自都要弘化一方，成为一代宗师。所以，我现在教你们应该怎么说法，才能不失本门顿教的宗旨。

"先须举三科法门，动用三十六对，出没即离两边。"不论是举出五蕴、十二处、十八界三科法门，还是运用三十六种相对之法，都不要落入断常两种边见。因为所有说法，都是为了帮助众生解粘去缚。凡夫或是落入常见，或是落入断见，或是住于有边，或是住于空边。学佛就是为了摆脱边见，获得中道智慧。作为说法者，必须应机设教，针对具体问题加以解决。凡夫说"有"，就用"无"对治，但说"无"是为了去除"有"的边见，切勿因此落入空见，这是要特别注意的。

"说一切法，莫离自性。"说一切法，都不能偏离觉悟本体。不论对方的起点在哪里，导归的终点是一个，那就是体认觉性，切勿离开这一根本。

"忽有人问汝法，出语尽双，皆取对法，来去相因。究竟二法尽除，更无去处。"如果有人向你们问法，在开示时应语出双关，通过一切法的相对性，使对方知道，所谓的来去、有无，都是相互为因而成，以此对治偏执一端的认识，彻底去除善恶、好坏、美丑等二元对立，就没什么可执著了。从中观来说，这叫作相待假，一切都是相对的，没有不依赖条件而独立存在的法。离开来，去是什么？离开有，无是什么？离开长，短是什么？离开明，暗是什么？认识到一切法的相对假立，就能破除众生对自性的妄执，契入不二法门。

"三科法门者，阴界入也。阴是五阴，色受想行识是也。入是十二入，外六尘色声香味触法，内六门眼耳鼻舌身意是也。界是十八界，六尘、六门、六识是也。"所谓三科法门，就是阴界入，又称蕴界处。蕴是五蕴，分别是色蕴、受蕴、想蕴、行蕴、识蕴。入是十二处，分别是外六尘色、声、香、味、触、法，和内六根眼、耳、鼻、舌、身、意。界就是十八界，除了内六根和外六尘，再加上眼、耳、鼻、舌、身、意六识。

"自性能含万法，名含藏识。"我们的自性能出生万法，含藏万法，这就叫作含藏识。在这个作用上，相当于唯识所说的阿赖耶识，但又有不同。唯识所说的阿赖耶识偏向染污的层面，而此处所说包含染净两个层面。

"若起思量，即是转识。生六识，出六门，见六尘，如是一十八界，皆从自性起用。"如果起了思量分别，就是转识。之所以会产生六识，都是因为六根接触六尘而有。或者说，因为有六根，就会接触六尘，产生六识。比如眼根接触色尘产生眼识，乃至意根接触法尘产生意识。所以说，十八界乃至一切法都是自性在产生作用，都没有离开觉性。正如《楞严经》所说，五蕴、十二处、十八界都是如来藏妙明真心的作用。

"自性若邪，起十八邪；自性若正，起十八正。"自性是本来清净的，为什么会有邪有正？单纯从字面上，我们似乎很难理解。这是因为在生命中，除了自性外，还有无明的作用。如果因为无明迷失自性，就会产生邪见，那么十八界都是邪的世界、邪的作用。如果体悟自性，就会产生正见，那么十八界都是正的世界、正的作用。所以说，自性有正用和妄用之分。凡夫世界就是自性的妄用。当自性透过无明而显现，就像哈哈镜中的影像，都是扭曲变形的。

"若恶用即众生用，善用即佛用。用由何等，由自性有对法。"如果是自性的妄用，表现出来就是众生的不良行为。如果是自性的善用，表现出来就是佛菩萨的妙用无方。不论这些作用表现为善用还是恶用，都是源于自性。由这一原始能量，出生两两相对的法。就像电，可以给世界带来光明，也可以置人于死地；可以使机器转动，也可以将设备烧毁。虽然作用不同，但原始能量都是电。

"外境无情五对：天与地对，日与月对，明与暗对，阴与阳对，水与火对，此是五对也。"在《坛经》所说的三十六对法中，关于外境和无情世界的有五对，分别是：天与地相对，日与月相对，明与暗相对，阴与阳相对，水与火相对，这是无情的五对。

"法相语言十二对：语与法对，有与无对，有色与无色对，有相与无相对，有漏与无漏对，色与空对，动与静对，清与浊对，凡与圣对，僧与俗对，老与少对，大与小对，此是十二对也。"关于法相和语言的有十二对，分别是：语与法相对，有与无相对，有色与无色相对，有相与无相相对，有漏与无漏相对，色与空相对，动与静相对，清净与污浊相对，凡夫与圣贤相对，僧众与俗人相对，老与少相对，大与小相对，这是法相的十二对。

"自性起用十九对：长与短对，邪与正对，痴与慧对，愚与智对，乱与定对，慈与毒对，戒与非对，直与曲对，实与虚对，险与平对，烦恼与菩提对，常与无常对，悲与害对，喜与嗔对，舍与悭对，进与退对，生与灭对，法身与色身对，化身与报身对，此是十九对也。"依觉悟本体产生的作用有十九对，分别是：长与短相对，邪与正相对，痴与慧相对，愚与智相对，动乱与定境相对，慈与毒相对，持戒与非法相对，直与曲相对，实与虚相对，险与平相对，烦恼与菩提相对，常与无常相对，悲与害相对，喜与嗔相对，舍与悭相对，进与退相对，生与灭相对，法身与色身相对，化身与报身相对，这是自性起用的十九对。

"师言：此三十六对法，若解用即道，贯一切经法，出入即离两边。"六祖说：这三十六对法方便互显，应用广泛，若能了解它们的作用就是道，可以贯穿一切经法。在说法时，帮助大家认识到一切法都是相对假立，从而破除边见，契入不二法门。凡夫世界是二元相对的，从唯识三性的角度来说，就是不能正确认识依他起，而产生遍计所执。六祖指出的三十六对法，就是引导我们认识缘起的相对性，由此远离妄见，获得如实见。

"自性动用，共人言语，外于相离相，内于空离空。"禅宗的修行，是让我们体认觉性及由此产生的作用。为人说法或探讨法义时，于外要超越对相的执著，于内则不能执著于空，否则就容易偏空。

"若全著相，即长邪见。若全执空，即长无明。"如果一味执著于诸法的事相，非但不能对相有全面了解，还会增长邪见。如果一味执著于诸法的空性，否定缘起现象，非但不能对空有正确体认，反而会落入空见，增长无明。

"执空之人有谤经，直言不用文字。既云不用文字，人亦不合语言，只此语言便是文字之相。"著空的人有时会诽谤经典，说修行不必安立文字。如果真的不用文字，那么人也不应该互相说话，因为说话就是有声的文字，文字就是无声的说话。禅宗虽有不立文字之说，但只是针对执著于文字者所作的批评，并不因此否定文字的价值。如果因噎废食，也是不对的。事实上，不少禅宗祖师都有著述和语录传世，多达数千卷，可谓洋洋大观。

"又云，直道不立文字，即此不立两字，亦是文字。见人所说，便即谤他言著文字。"又有人说，真正修道是不立文字的，其实"不立"二字就是文字。他们听到别人说法，就批评对方执著于文字相，这是偏空的表现，是不可取的。

"汝等须知，自迷犹可，又谤佛经。不要谤经，罪障无数。"你们要知道，仅仅自己迷惑还罢了，这样做还会造作谤法之罪。所以，千万不要诽谤经典，认为这是著相，其罪过无量无边。

"若著相于外而作法求真，或广立道场，说有无之过患，如是之人，累劫不得见性。"如果向外著相，想通过造作或向外寻求证得真谛，或者热衷于到处建立道场，或者总在辩论说有说无的过患，其实内心并没有摆脱对有无的执著，这样的人多生累劫不能见到实相。就像《金刚经》所说的那样："若以色见我，以音声求我，是人行邪道，不能见如来。"

"但听依法修行，又莫百物不思，而于道性窒碍。"六祖说：应该老实地依法修行，但并不是什么都不想，那样反而会对道产生障碍。道本来是现成的，当你没有执著时，觉性就在六根门头大放光明。有了一念执著，哪怕是对空的执著，就是"大似浮云遮日面"。所以，著空也是对道的障碍，且过患极大，所谓"宁起我见如须弥山，不起空见如毛发许"。因为著空见者会拨无因果，尤其是断灭空，是非常可怕的。佛法所说的空，其实并不妨碍有，是念而无念，无念而念。证得无相的心体，但并不妨碍相的显现，于相中了悟无相。而无相的同时，一样可以显现万象。

"若听说不修，令人反生邪念。但依法修行，无住相法施。"如果听说后不修，也会让人产生邪念，以为佛法对人是没有帮助的。所以一定要依法修行，并且不住于相地说法，这才是真正的法施。

"汝等若悟，依此说，依此用，依此行，依此作，即不失本宗。"你们如果悟道的话，应该按照这些原则去宣说，去运用，去修行，去做事，这样才不失本门顿教的宗旨。

"若有人问汝义，问有将无对，问无将有对，问凡以圣对，问圣以凡对。"如果有人向你们询问法义，应该根据三十六对法而说，由此破除对方的偏执。如果对方问的是"有"，就以"无"来对治；如果对方问的是"无"，就以"有"来对治；如果对方问的是"凡"，就以"圣"来对治；如果对方问的是"圣"，就以"凡"来对治。就像有人走在道路左边，你让他向右；有人在道路右边，你就让他向左。不论向右还是向左，都视具体情况而说，只是对治的过程，目的是引导他纠正偏执，回归中道，回归觉性这个根本。

"二道相因，生中道义。如一问一对，余问一依此作，即不失理也。"总之，要了解一切法的相对性，以两种相对的法彼此为因进行说明，即可摆脱落于一边的偏见，获得中道智慧。像这样以对法一问一答，其他问题也都依此原则回应，不论说的是什么，都知道这是应病与药而已，就不会偏离本门宗旨。

"设有人问：何名为暗？答云：明是因，暗是缘，明没即暗，以明显暗，以暗显明，来去相因，成中道义。"接着，六祖又举了一个实际事例。就像有人问：什么叫作暗？应该回答说：明是因，暗是缘。明消失之后暗就会出现，因为有明才凸显了暗。反之，因为有暗才凸显了明。所以明和暗是相互为因的，既没有独立的明，也没有独立的暗，这样才符合中道。

"余问悉皆如此。汝等于后传法，依此转相教授，勿失宗旨。"其他问题也要这样回答。你们以后传法的时候，应该按照这个原则辗转教授，不要失去顿教法门的宗旨。在凡夫境界中，往往会偏执一端，或认为有独立的明，或认为有独立的暗。如果对明和暗生起自性见，就会使我们系缚生死，不得解脱。三十六对法的作用，可以帮助我们认识缘起，摆脱遍计所执，是一种非常善巧的说法。

# 二、付嘱正法流传

　　师于太极元年壬子，延和七月，命门人往新州国恩寺建塔，仍令促工。次年夏末落成。七月一日，集徒众曰："吾至八月欲离世间。汝等有疑，早须相问，为汝破疑，令汝迷尽。吾若去后，无人教汝。"法海等闻，悉皆涕泣，唯有神会神情不动，亦无涕泣。

　　师云："神会小师却得善不善等，毁誉不动，哀乐不生，余者不得。数年山中，竟修何道？汝今悲泣，为忧阿谁？若忧吾不知去处，吾自知去处。吾若不知去处，终不预报于汝。汝等悲泣，盖为不知吾去处。若知吾去处，即不合悲泣。法性本无生灭去来，汝等尽坐，吾与汝说一偈，名曰真假动静偈。汝等诵取此偈，与吾意同。依此修行，不失宗旨。"众僧作礼，请师说偈。偈曰：

　　"一切无有真，不以见于真，若见于真者，是见尽非真。

　　若能自有真，离假即心真，自心不离假，无真何处真？

　　有情即解动，无情即不动，若修不动行，同无情不动。

　　若觅真不动，动上有不动，不动是不动，无情无佛种。

　　能善分别相，第一义不动，但作如此见，即是真如用。

　　报诸学道人，努力须用意，莫于大乘门，却执生死智。

　　若言下相应，即共论佛义，若实不相应，合掌令欢喜。

　　此宗本无诤，诤即失道意，执逆诤法门，自性入生死。"

时徒众闻说偈已，普皆作礼，并体师意，各各摄心，依法修行，更不敢诤。乃知大师不久住世，法海上座再拜问曰："和尚入灭之后，衣法当付何人？"

师曰："吾于大梵寺说法，以至于今，抄录流行，目曰《法宝坛经》。汝等守护，递相传授，度诸群生。但依此说，是名正法。今为汝等说法，不付其衣。盖为汝等信根淳熟，决定无疑，堪任大事。然据先祖达摩大师付授偈意，衣不合传。偈曰：吾本来兹土，传法救迷情。一花开五叶，结果自然成。"

师复曰："诸善知识！汝等各各净心，听吾说法。若欲成就种智，须达一相三昧，一行三昧。若于一切处而不住相，于彼相中不生憎爱，亦无取舍，不念利益成坏等事，安闲恬静，虚融淡泊，此名一相三昧。若于一切处，行住坐卧，纯一直心，不动道场，真成净土，此名一行三昧。若人具二三昧，如地有种，含藏长养，成熟其实。一相一行，亦复如是。我今说法，犹如时雨普润大地。汝等佛性譬诸种子遇兹沾洽，悉得发生。承吾旨者，决获菩提；依吾行者，定证妙果。听吾偈曰：心地含诸种，普雨悉皆萌。顿悟华情已，菩提果自成。"

师说偈已，曰："其法无二，其心亦然。其道清净，亦无诸相。汝等慎勿观静及空其心，此心本净，无可取舍，各自努力，随缘好去。"

尔时，徒众作礼而退。

六祖预知时至，所以在临终前非常从容地对门人作了一番嘱托。

"师于太极元年壬子，延和七月，命门人往新州国恩寺建塔，仍令促工。次年夏末落成。"太极元年，唐睿宗年号，即 712 年。壬子，干支之一。延和，是年睿宗改元为延和。六祖在壬子年的太极元年，后改元为延和的七月，派遣门人到新州国恩寺造塔，并且催促他们早日完成。到了第二年（713年）夏末，塔完工落成。

"七月一日，集徒众曰：吾至八月欲离世间。汝等有疑，早须相问，为汝破疑，令汝迷尽。吾若去后，无人教汝。"七月一日，六祖召集徒众宣布说：我到八月要离开这个世间，如果你们在修学上还有什么疑问，应该赶快提出来，我可以为你们答疑，使你们迷惑尽除。如果等我去世之后，就没人教导你们了。

"法海等闻，悉皆涕泣，唯有神会神情不动，亦无涕泣。"法海等弟子听到六祖所言，都感到悲伤，涕泪横流。唯有神会一人神色如常，没有闻之色变，也没有悲泣失态。

"师云：神会小师却得善不善等，毁誉不动，哀乐不生，余者不得。数年山中，竟修何道？"小师，受具足戒而未满十夏者。六祖表扬说：只有神会小师能对善不善得其平等，对毁誉不动声色，不随之表现出哀伤或快乐，其他人都没有做到这一点。你们住山几年，究竟修了些什么道呢？怎么境界一现前，就把握不住呢？

"汝今悲泣，为忧阿谁？若忧吾不知去处，吾自知去处。吾若不知去处，终不预报于汝。汝等悲泣，盖为不知吾去处。若知吾去处，即不合悲泣。"你们现在哭泣，究竟为谁而悲伤？究竟悲伤什么呢？如果因为担心我不知去哪里，那大可不必，我很清楚自己的去处。如果我不知道未来去处，就无法提前告诉你们什么时候离开了。你们之所以悲伤，只是因为不知我去哪里。如果知道我的去处，自然不会悲伤哭泣了。

"法性本无生灭去来，汝等尽坐，吾与汝说一偈，名曰真假动静偈。汝等诵取此偈，与吾意同。依此修行，不失宗旨。"法性本来是没有生灭，没有来去的，有生有死的只是我们的色身而已，如弃敝屣，不必挂怀。你们都坐下，我给你们说一首偈颂，名叫"真假动静偈"。你们能读诵并受持这首偈颂，就可以和我心意相通。按照这首偈颂修行，就不会失去顿教法门的宗旨。

"众僧作礼，请师说偈。"众僧一同作礼，请六祖说偈。

"偈曰：一切无有真，不以见于真，若见于真者，是见尽非真。"偈颂内容是：在这个世间，凡夫是看不到真相的。因为凡夫是戴着有色眼镜看世界，所以，不要以为亲眼所见就是真相，那只是通过有色眼镜呈现的，是扭曲变形的。如果你以为自己见到的是真相，其实不过是妄想而已，并非世界的本来面目。

"若能自有真，离假即心真，自心不离假，无真何处真？"唯有体认内在觉性，摆脱虚假迷妄的认识，才能见到诸法实相，即《坛经》所说的"一真一切真"。否则，我们的所见所闻都是透过迷惑系统呈现的，是被现有认知模式改造过的，哪有什么真相可言？

"有情即解动，无情即不动，若修不动行，同无情不动。"动和不动也是相对的。有情是动的，而无情是不会起心动念的。如果你追求这种意义上的不动，岂不等同于木石？这不是佛教所说的不动。

"若觅真不动，动上有不动，不动是不动，无情无佛种。"如果想找到真正的不动，反而要透过动的表相去体认。因为一切现象的本质都是空性，这才是真正意义上的不动，是超越动与不动的不动。如果执著于相对意义上的不动，就像无情之物一样，就没有成佛的种子，是毫无意义的。

"能善分别相，第一义不动，但作如此见，即是真如用。"《维摩经》说："能善分别诸法相，于第一义而不动。"能够分别一切法的差别显现，但内心又安住于空性，如如不动。具备这样的见地和修行，就是真如的妙用。所以修行不是不分别，而是不执著，这样就不会为之所动。而凡夫的特点是，分别必然伴随着执著，伴随着颠倒妄想，这就是妄用而不是真如用。

"报诸学道人，努力须用意，莫于大乘门，却执生死智。"六祖告诫各位修道者说，你们必须在这个根本上用心，千万不要在大乘法门中执著于生死。这里所说的生死智，是自己以为有智慧，其实却带着染著的想法。

"若言下相应，即共论佛义，若实不相应，合掌令欢喜。"如果听了这些说法能够相应的话，就应该一起修行并讨论法义。如果不相应，可以合掌令对方欢喜，不应互不相让，彼此指责甚至谩骂。

"此宗本无诤，诤即失道意，执逆诤法门，自性入生死。"顿教法门本来是没有诤论的，因为诤论就会远离道的本意。如果执著于这种诤斗，觉得一定要分出对错输赢，是与修道相违背的，就会迷失觉性，进入生死轮回的轨道。

"时徒众闻说偈已，普皆作礼，并体师意，各各摄心，依法修行，更不敢诤。"当时，弟子们听了这番开示之后，都向六祖顶礼表示感恩，并能体会六祖的心意，各自摄心，依法修行，再也不敢发生无谓的诤论了。

"乃知大师不久住世，法海上座再拜问曰：和尚入灭之后，衣法当付何人？"因为知道六祖不久就要离世，所以法海上座再次顶礼六祖，请教说：和尚入灭后，衣钵和法脉传承要交付给谁呢？

"师曰：吾于大梵寺说法，以至于今，抄录流行，目曰《法宝坛经》。汝等守护，递相传授，度诸群生。但依此说，是名正法。"六祖说：自从我在大梵寺说法开始，直到今天，有关的开示法语可以整理成书，流传于世，书名叫作《法宝坛经》。你们要如法守护，代代传承，以此度化大众。只要依照《法宝坛经》的法义，就是顿教法门的正法眼藏。

"今为汝等说法，不付其衣。盖为汝等信根淳熟，决定无疑，堪任大事。然据先祖达摩大师付授偈意，衣不合传。"现在我为你们开讲了顿教法门，但不再传下袈裟。因为你们对这一无上法门的信心已经成熟，有了决定信解，能够直下承担，进而将这一法门传承下去。但根据达摩大师当年的嘱咐，袈裟已经不适合再传了。

"偈曰：吾本来兹土，传法救迷情。"达摩大师初传衣钵时，说了一首偈颂：我从印度千里迢迢来到中国，传播顿教法门以救度迷情。所以，真正要传的是法而不是衣，真正使人从中得益的也是法而不是衣。只是达摩初来之时，大家对他和他所说的法缺乏认识，所以需要以衣表信，现在通过二祖、三祖、四祖、五祖到六祖，大众对禅宗已有相当深入的认识，就没必要在传法之外再传衣了。

"一花开五叶，结果自然成。"这是达摩大师对禅宗顿教法门在中国所传法脉的授记。一花，指达摩本人，或谓顿教法门。五叶，指二祖至六祖的五传，也有说是六祖之后形成的临济、曹洞、云门、法眼、沩仰五宗。总之，禅宗经历了"一花开五叶"的发展，并在"五叶"后大兴于世，这个结果将自然形成。

"师复曰：诸善知识！汝等各各净心，听吾说法。若欲成就种智，须达一相三昧，一行三昧。"六祖接着嘱咐大众说：各位善知识，你们现在各自净心摄意，听我说法。如果想要成就一切种智，就要通达一相三昧、一行三昧。二者都是直接建立于空性的禅修，以下会详细解释。

"若于一切处而不住相，于彼相中不生憎爱，亦无取舍，不念利益成坏等事，安闲恬静，虚融澹泊，此名一相三昧。"如果能在一切处不执著于相，不在相上生起爱憎和取舍之心，也不考虑利益、成败、得失、等等，对任何境界都能保持内心的安闲恬静，都能圆融地接纳，淡泊地面对，这就是一相三昧。这种三昧是建立于对觉性的体认，是在不住相的前提下认识一切相。反之，凡夫的特点就是住相，而且是念念住相。

"若于一切处，行住坐卧，纯一直心，不动道场，真成净土，此名一行三昧。"如果在行住坐卧一切处都能保持直心，不为境界所动，并安住于这样的直心，这个世界当下就是净土，这就是一行三昧。前面说一相三昧，这里说一行三昧，二者在本质上并无差别，都是立足于觉性的禅修，只是前者偏于相说，后者偏于行说。

"若人具二三昧，如地有种，含藏长养，成熟其实。一相一行，亦复如是。"如果一个人具备这两种三昧，就像大地有了种子一样，能够生长万物，结出累累硕果。一相三昧和一行三昧也具有这样的作用，能够出生善法，成就佛果。

"我今说法，犹如时雨普润大地。汝等佛性譬诸种子遇兹沾洽，悉得发生。承吾旨者，决获菩提；依吾行者，定证妙果。"沾洽，润泽，普遍受惠。我现在所说的法，好像及时的雨水，能够普遍滋润大地。你们内在的佛性，就像种子遇到雨露滋润，能够生根发芽，开花结果。你们只要领会我所说的心法，必能见到菩提自性；只要按照这个法门修行，必能成就殊胜佛果。

"听吾偈曰：心地含诸种，普雨悉皆萌。顿悟华情已，菩提果自成。"听我再说一首偈颂：内心含藏着菩提种子，因为得到法雨灌溉，种子得以生根发芽。同样，领受如此殊胜的顿悟法门后，依教奉行，菩提之果自然也会圆满成就。

"师说偈已，曰：其法无二，其心亦然。其道清净，亦无诸相。"六祖说了偈颂后，告诫大众：究竟的法是不二的，是超越二元对立的，心的本质也是一样。觉性之道本来清净无染，超越一切相，也不离一切相，所谓"即此用，离此用"。

"汝等慎勿观静及空其心，此心本净，无可取舍，各自努力，随缘好去。"你们在修行时千万不要偏执，不要执著于静，不要执著于什么都没有。因为法是无所不在的，而心本来就是清净无染的，没什么可以执著，也没什么可以弃舍。希望大家各自努力，根据自身根性努力修行。

"尔时，徒众作礼而退。"当时，弟子们听了之后，就恭恭敬敬地顶礼而退。

# 三、叶落归根

大师七月八日，忽谓门人曰："吾欲归新州，汝等速理舟楫。"大众哀留甚坚。

师曰："诸佛出现，犹示涅槃。有来必去，理亦常然。吾此形骸，归必有所。"

众曰："师从此去，早晚可回。"

师曰："叶落归根，来时无口。"

又问曰："正法眼藏，传付何人？"

师曰："有道者得，无心者通。"

又问："后莫有难否？"

师曰："吾灭后五六年，当有一人来取吾首。听吾记曰：头上养亲，口里须餐。遇满之难，杨柳为官。"又云："吾去七十年，有二菩萨从东方来，一出家，一在家。同时兴化，建交吾宗，缔缉伽蓝，昌隆法嗣。"

问曰："未知从上佛祖应现已来，传授几代，愿垂开示。"

师云："古佛应世已无数量，不可计也。今以七佛为始。过去庄严劫毗婆尸佛、尸弃佛、毗舍浮佛，今贤劫拘留孙佛、拘那含牟尼佛、迦叶佛、释迦文佛，是为七佛。已上七佛，今以释迦文佛首传，第一摩诃迦叶尊者，第二阿难尊者，第三商那和修尊者，第四优波毱多尊者，第五提多迦尊者，第六弥遮迦尊者，第七婆须蜜多尊者，第八佛驮难提尊者，第九伏驮蜜多尊者，第十胁尊者，十一富那夜奢尊者，十二马鸣大士，十三迦毗摩罗尊者，十四龙树大士，十五迦那提婆尊者，十六罗睺罗多尊者，十七僧伽难提尊者，十八伽耶舍多尊者，十九鸠摩罗多尊者，二十阇耶多尊者，二十一婆修盘头尊者，二十二摩拏罗尊者，二十三鹤勒那尊者，二十四师子尊者，二十五婆舍斯多尊者，二十六不如蜜多尊者，二十七般若多罗尊者，二十八菩提达摩尊者，二十九慧可大师，三十僧璨大师，三十一道信大师，三十二弘忍大师，惠能是为三十三祖。从上诸祖，各有禀承。汝等向后，递代流传，毋令乖误。"

最后，六祖准备回到新州，叶落归根。将要启程前，又对弟子们讲述了顿教法门从印度传至中土的整个法脉，并对本宗未来的弘扬发展做了授记。

"大师七月八日，忽谓门人曰：吾欲归新州，汝等速理舟楫。大众哀留甚坚。"七月八日时，六祖忽然对门人说：我准备回到新州，你们赶紧准备一下船和桨。大众都苦苦哀求，坚决恳请六祖留下。

"师曰：诸佛出现，犹示涅槃。有来必去，理亦常然。吾此形骸，归必有所。"六祖说：哪怕是诸佛出世，尚且要示现涅槃，何况是我呢？只要来到这个世间，总有离开的那一天，这是理所当然的事。我的色身和骸骨，也终归有去的地方。

"众曰：师从此去，早晚可回。"大众问：师父现在离去，什么时候可以归来？

"师曰：叶落归根，来时无口。"无口，无言。六祖说：叶落都要归根，该来时自然就来了，不必多说什么。

"又问曰：正法眼藏，传付何人？"大众又问：您的正法眼藏，到底传给谁了？

"师曰：有道者得，无心者通。"六祖说：有道的人自然能够得到，已经心无所住的人自然可以通达。

"又问：后莫有难否？"又有人问：以后本门还有什么违缘吗？

"师曰：吾灭后五六年，当有一人来取吾首。听吾记曰。"六祖告诉大众说，我去世后五六年，会有一个人来取我的首级。你们且听我的预言。

"头上养亲，口里须餐。遇满之难，杨柳为官。"这首偈颂预告了之后将要发生的事情经过。唐朝时，日本和韩国有不少遣唐使前来学习，其中有位名叫金大悲的韩国人，想把六祖首级请回供养，是为"头上养亲"。为此，金大悲雇人行事，需要给对方报酬，是为"口里须餐"。这位被雇佣的盗贼名净满，是为"遇满之难"。因为六祖事先已有预言，所以进龛时颈部做了处理，盗贼来时就被抓了。审理此事的官员姓柳，是为"杨柳为官"。

"又云：吾去七十年，有二菩萨从东方来，一出家，一在家。同时兴化，建交吾宗，缔缉伽蓝，昌隆法嗣。"兴化，振兴教化。缔缉，建造修整。伽蓝，梵语僧加蓝摩的略称，佛教寺院的通称。法嗣，指继承祖师法脉而住持一方丛林的僧人。六祖又说：我去世七十年后，有两个菩萨从东方来，一位是出家，一位是在家，同时振兴佛教，教化世间，弘扬顿教法门，建立丛林道场，使禅宗法脉得到昌隆。关于这两个菩萨到底是谁，有不同说法。有的说出家者为马祖道一，在家者为庞蕴居士。也有的说出家者为黄檗禅师，在家者是裴休居士。

"问曰：未知从上佛祖应现已来，传授几代，愿垂开示。"大众又问：不知我们这个法门从佛祖传到现在，究竟传了多少代？希望您为我们开示。

"师云：古佛应世已无数量，不可计也。今以七佛为始。过去庄严劫毗婆尸佛、尸弃佛、毗舍浮佛，今贤劫拘留孙佛、拘那含牟尼佛、迦叶佛、释迦文佛，是为七佛。"六祖就为大众讲述禅宗的传承。自从古佛应世以来，已经过无量诸佛，难以计数。现在就从过去七佛开始说，分别是过去庄严劫的毗婆尸佛、尸弃佛、毗舍浮佛，现在贤劫的拘留孙佛、拘那含牟尼佛、迦叶佛、释迦文佛，这就是通常所说的七佛。

"已上七佛，今以释迦文佛首传，第一摩诃迦叶尊者，第二阿难尊者，第三商那和修尊者，第四优波毱多尊者，第五提多迦尊者，第六弥遮迦尊者，第七婆须蜜多尊者，第八佛驮难提尊者，第九伏驮蜜多尊者，第十胁尊者，十一富那夜奢尊者，十二马鸣大士，十三迦毗摩罗尊者，十四龙树大士，十五迦那提婆尊者，十六罗睺罗多尊者，十七僧伽难提尊者，十八伽耶舍多尊者，十九鸠摩罗多尊者，二十阇耶多尊者，二十一婆修盘头尊者，二十二摩拏罗尊者，二十三鹤勒那尊者，二十四师子尊者，二十五婆舍斯多尊者，二十六不如蜜多尊者，二十七般若多罗尊者，二十八菩提达摩尊者。"我们的本师释迦牟尼佛在灵山会上拈花微笑，将禅宗法脉初传摩诃迦叶尊者，其后为阿难尊者、商那和修尊者等，直到菩提达摩尊者，为第二十八代，也是中国的初祖。

"二十九慧可大师。"第二十九代是慧可大师，为中国的二祖。慧可（487—593年），初名神光。俗姓姬，虎牢（今河南荥阳）人。少年即博览群书，通达儒家及老庄学说。出家后精研三藏内典。年约四十岁时，遇达摩初祖在嵩洛游化，礼之为师，从学六年，得传心法。据记载，他在见达摩时曾立雪数宵，断臂求法，以示敬法之心。

"三十僧璨大师。"第三十代是僧璨大师，为中国的三祖。僧璨（526—606年），江苏徐州人，以白衣身拜谒二祖慧可，随师隐居安徽舒公山五年。后隐遁山间，专修禅法二十余年，度沙弥道信为传法弟子。著有《信心铭》传世，为历代学禅者所传诵。

"三十一道信大师。"第三十一代是道信大师，为中国的四祖。道信（580—651年），湖北人，俗姓司马，追随三祖十年。37岁在江西领众，45岁返回湖北黄梅破头山双峰寺，驻锡三十年，讲修兼行，是禅宗出现独立僧团的开始。五百弟子中，以五祖弘忍和牛头法融最为杰出。

"三十二弘忍大师。"第三十二代是弘忍大师，为中国的五祖。弘忍（601—674年），俗姓周，湖北黄梅人，7岁从四祖道信出家，13岁正式剃度为僧。在道信门下，日间从事劳动，夜间静坐习禅，尽得道信禅法。永徽三年（651年），得道信付法传衣。因四方来学者日增，便在双峰山之东另建道场，名东山寺，其禅法被后人称为东山法门。

"惠能是为三十三祖。"从五祖弘忍传至惠能，是第三十三代，中国的六祖。

"从上诸祖，各有禀承。汝等向后，递代流传，毋令乖误。"以上各位祖师都有清晰的传承，你们以后也要这样一代代地向下传递，不要让法脉中断，但也不要传错，传给那些不是法器者。

# 四、辞别嘱咐

大师先天二年癸丑岁，八月初三日，于国恩寺斋罢，谓诸徒众曰："汝等各依位坐，吾与汝别。"

法海白言："和尚留何教法，令后代迷人得见佛性？"

师言："汝等谛听！后代迷人若识众生，即是佛性。若不识众生，万劫觅佛难逢。吾今教汝识自心众生，见自心佛性。欲求见佛，但识众生。只为众生迷佛，非是佛迷众生。自性若悟，众生是佛；自性若迷，佛是众生。自性平等，众生是佛；自性邪险，佛是众生。汝等心若险曲，即佛在众生中；一念平直，即是众生成佛。我心自有佛，自佛是真佛。自若无佛心，何处求真佛？汝等自心是佛，更莫狐疑。外无一物而能建立，皆是本心生万种法。故经云：心生种种法生，心灭种种法灭。吾今留一偈，与汝等别，名自性真佛偈。后代之人识此偈意，自见本心，自成佛道。"偈曰：

"真如自性是真佛，邪见三毒是魔王，邪迷之时魔在舍，正见之时佛在堂。

性中邪见三毒生，即是魔王来住舍，正见自除三毒心，魔变成佛真无假。

法身报身及化身，三身本来是一身，若向性中能自见，即是成佛菩提因。

本从化身生净性，净性常在化身中，性使化身行正道，当来圆满真无穷。

淫性本是净性因，除淫即是净性身，性中各自离五欲，见性刹那即是真。

今生若遇顿教门，忽悟自性见世尊，若欲修行觅作佛，不知何处拟求真。

若能心中自见真，有真即是成佛因，不见自性外觅佛，起心总是大痴人。

顿教法门今已留，救度世人须自修，报汝当来学道者，不作此见大悠悠。"

师说偈已，告曰："汝等好住，吾灭度后，莫作世情悲泣雨泪，受人吊问，身着孝服，非吾弟子，亦非正法。但识自本心，见自本性，无动无静，无生无灭，无去无来，无是无非，无住无往。恐汝等心迷，不会吾意，今再嘱汝，令汝见性。吾灭度后，依此修行，如吾在日。若违吾教，纵吾在世，亦无有益。"

复说偈曰："兀兀不修善，腾腾不造恶。寂寂断见闻，荡荡心无著。"

辞别嘱付，是六祖对弟子们最后的教诲。

"大师先天二年癸丑岁，八月初三日，于国恩寺斋罢，谓诸徒众曰：汝等各依位坐，吾与汝别。"先天二年，713年，即开元元年，唐玄宗即位时改元先天，次年改元开元。先天二年八月初三，时癸丑年，六祖在国恩寺用斋结束，就对门人弟子说：你们都各自坐好，我现在要和你们告别了。

"法海白言：和尚留何教法，令后代迷人得见佛性？"法海问六祖说：和尚要留下什么教法，让后代这些迷惑的众生见到佛性？以下这段，是临终前的最后叮咛，也是六祖一生教化的尾声。

"师言：汝等谛听！后代迷人若识众生，即是佛性。若不识众生，万劫觅佛难逢。"在以下这段开示中，出现最多的两个词，就是"众生"和"佛"，引导我们正确认识众生和佛的关系，更鼓励我们直下承担，志求佛道。六祖说：你们都认真听着，觉性在众生中，不离众生。后代的迷人，如果能够认识众生的本质，也就是认识佛性。如果不能从众生中认识觉性，心外求佛，即使经历百千万劫，也是不能成佛的。

"吾今教汝识自心众生，见自心佛性。"六祖说：我现在就告诉你们，怎么认识自心的众生，认识自心的佛。《忏悔品》说："自心众生誓愿度。"这个众生就是由无明而出生，由执著而养育，是潜伏在我们内心的贼子，唯有认清其真相，才能不为所惑。但这个心中不仅有众生，更有佛性。成佛也是要从自心去成，而不是另外的什么地方。

"欲求见佛，但识众生。"如果你想见到佛，去哪里见？怎么见？首先需要认识众生，因为一切众生皆具佛性。就像莲花出于淤泥，如果没有淤泥，也就没有莲花。同样的道理，如果没有众生，也就没有佛；没有烦恼，也就没有菩提。所以佛要从众生中去认识，菩提要从烦恼中去认识，涅槃要从生死中去认识，它们的本质都是空性，是平等无别的。

"只为众生迷佛，非是佛迷众生。"只是因为众生被无明所迷，所以才见不到佛性。并不是说佛迷了，才会成为众生。因为佛代表圆满的觉悟，决不会由迷再退转为众生。

"自性若悟，众生是佛；自性若迷，佛是众生。"如果体认到菩提自性，众生当下就是佛，因为他已证佛所证。如果迷失菩提自性，虽然是潜在的佛，却依然显现为众生。

"自性平等，众生是佛；自性邪险，佛是众生。"如果认识到自性的平等无别，众生就等同于佛，因为二者在空性层面是没有差别的。如果迷失自性，产生邪知邪见，虽然我们本来可以成佛，实际却还是众生。自性邪险不是说自性会变得邪险，是因为迷失自性而产生邪知邪见。

"汝等心若险曲，即佛在众生中；一念平直，即是众生成佛。"如果你们的心陷入虚妄分别和颠倒妄想，佛性就会迷失，显现为众生性。而当我们生起一念平等无别的心，没有任何二元对待，众生就会成就佛陀那样的品质。

"我心自有佛，自佛是真佛。自若无佛心，何处求真佛？"每个人内心都有佛性，这个自己本自具足的，才是真正的佛。如果内在没有佛性的话，到哪里才能找到真佛？

"汝等自心是佛，更莫狐疑。"所以你们要知道：自心就是佛！对于这个观点千万不要疑惑，这是禅宗修行的根本所在。如果将信将疑，就落入了思惟分别，是无法见道的。有学人问禅师：什么是佛？禅师答：你就是。这不是玩笑，不是欺诳，关键在于，你有没有直下承担的气魄？有没有言下大悟的根机？

"外无一物而能建立，皆是本心生万种法。"离开觉性，外在世界其实没有一法可得。我们认识的世界都是心的显现，都是从心出生万法，都是菩提自性的作用。体悟到心的本质，也就体悟到世界的本质，没有内也没有外。

"故经云：心生种种法生，心灭种种法灭。"所以经中告诉我们：心生起的时候，种种法就随之生起；心坏灭的时候，种种法也随之坏灭。宇宙万有都是心的显现，凡夫圣贤也是心的不同作用，如果心外求法，是永远也求不到的。

"吾今留一偈，与汝等别，名自性真佛偈。后代之人识此偈意，自见本心，自成佛道。"我现在留一首偈和你们作别，名为"自性真佛偈"。后代学人若能领会其中真义，自然能见到心的本来面目，由此成就佛道。

"偈曰：真如自性是真佛，邪见三毒是魔王，邪迷之时魔在舍，正见之时佛在堂。"偈颂内容是：每个人内在的菩提自性就是真正的佛，而我们的邪知邪见及由此产生的贪嗔痴三毒则是魔王。在这个心灵世界中，佛和魔是并存的。当心进入邪见，进入迷惑状态，进入贪嗔痴三毒时，魔就成了心灵家园的主宰。而当心进入正见，进入觉悟状态时，佛就取而代之，成为心灵世界的主人。

"性中邪见三毒生，即是魔王来住舍，正见自除三毒心，魔变成佛真无假。"当我们迷失觉性，生起邪见和三毒，就代表魔王在内心安家落户，成为主宰。可见魔未必是外在的，我们当下的心都有魔性，随时可能被魔性主宰。当我们认识到魔性带来的危害，生起正见和观照力的时候，就会解除邪知邪见和贪嗔痴三毒，使佛性得以显现。

此时，魔又变身成为真佛了。因为魔性的本质就是佛性，只要去除无明，贪嗔痴的原始能量就会回归佛性。所以这并不是魔假扮的，而是确定无疑的真佛。

"法身报身及化身，三身本来是一身，若向性中能自见，即是成佛菩提因。"法、报、化三身本来就是一身，从本质上说，都是由菩提自性显现的，所谓"清净法身，汝之性也；圆满报身，汝之智也；千百亿化身，汝之行也"。如果能证得觉性，亲见自己的本来面目，就是成佛之因。因为成佛不是成就外在的什么，而是对菩提自性的圆满体认。

"本从化身生净性，净性常在化身中，性使化身行正道，当来圆满真无穷。"我们可以从化身中认识生命内在的清净本性，从当下的起心动念、行住坐卧、举手投足中去认识，这个清净本性没有离开日用处，没有离开我们的任何行为，只是这种作用通常被无明扭曲了。如果认识到现象背后的内在觉性，就能使我们的行为走向正道，走向觉悟，使未来生命走向圆满，没有穷尽。

"淫性本是净性因，除淫即是净性身，性中各自离五欲，见性刹那即是真。"淫性就是淫怒痴，也是净性生起之因，因为它们本质上都是净性。但只有去除淫怒痴之后，才能证得净性。我们说淫性本是净性因，不是说必须通过淫怒痴来认识佛性，而是说任何一种心行背后都蕴含着觉性。安住觉性，远离五欲，就能在见性的刹那证得最高真实。

"今生若遇顿教门，忽悟自性见世尊，若欲修行觅作佛，不知何处拟求真。"今生有缘听闻顿教法门，是最快速的见性之道，一旦悟入菩提自性，就是证佛所证，等于亲见世尊。如果想通过外在途径成佛，不知到哪里才能找到真佛？因为佛性是我们本自具足的，向外找，永远不可能找到。

"若能心中自见真，有真即是成佛因，不见自性外觅佛，起心总是大痴人。"如果我们在自己心中见到觉性，那就是成佛之因。如果见不到菩提自性，却向外寻找所谓的佛，有这个想法的，实在是愚痴透顶的人。

"顿教法门今已留，救度世人须自修，报汝当来学道者，不作此见大悠悠。"我现在已经留下顿教法门，如果想要救度世人，必须自己努力修行。你们这些后来的学道者，如果不明白顿教见地，不懂得依此修行，而是晃晃悠悠地，生死轮回将没有了期。

"师说偈已，告曰：汝等好住，吾灭度后，莫作世情悲泣雨泪，受人吊问，身着孝服，非吾弟子，亦非正法。"六祖说了偈颂之后，告诫大众说：你们要好自为之。在我灭度后，不要像世俗人一样，在那里哭哭啼啼，受人凭吊，或者身穿孝服，有这些做法的都不是我的弟子，也不符合正法。

"但识自本心，见自本性，无动无静，无生无灭，无去无来，无是无非，无住无往。"关键你们要认识自己的本心，见到自己的本性。安住于觉性，是没有动也没有静，没有生也没有灭，没有去也没有来，没有是也没有非，没有住也没有往的。它超越一切形式，又能千变万化。其本质虽然无动无静，无生无灭，无去无来，无是无非，无住无往，但表现出来的作用，则是能动能静，能生能灭，能去能来，能是能非，能住能往。这就是之前所说的，觉性有常和无常两面，常是它的体，无常是它的用。六祖在讲无动无静乃至无住无往时，是从体来说。从用而言，则是有动有静乃至有住有往。但这种动静生灭的当下，就是不动不静，不生不灭。所以说，动静生灭和不动不静、不生不灭是一体的。就像《心经》所说："是诸法空相，不生不灭，不垢不净，不增不减。"事实上，生灭的当下就是不生不灭，垢净的当下就是不垢不净，这是在缘起意义上认识的。

"恐汝等心迷，不会吾意，今再嘱汝，令汝见性。"虽然这些话以前反复讲过，我担心你们内心迷惑，不能领会我的本意，所以再次嘱咐，希望你们见到自己的本心。在这最后时刻，六祖一而再、再而三地讲了那么多，真是苦口婆心，大慈大悲。

"吾灭度后，依此修行，如吾在日。若违吾教，纵吾在世，亦无有益。"在我灭度后，你们要依此教法修行，就像我在世时一样。如果违背我说的教法，即使我继续活在世间，即使你们整天都在我的身边，也是得不到什么真实利益的。

"复说偈曰：兀兀不修善，腾腾不造恶。寂寂断见闻，荡荡心无著。"兀兀，不动。腾腾，自在、没有造作。寂寂，安安静静。最后，六祖又说了一首偈：安住于觉悟本体，不必刻意修善，也自然不造诸恶。同时，不执著于见闻觉知，内心坦坦荡荡，了无牵挂。当一个人寂寂的时候，见闻觉知会变得特别灵敏，所以，断见闻不是没有见闻觉知，而是不执著于此。这是六祖的临别赠言，也是禅门的用功之道。

# 五、入　灭

师说偈已，端坐至三更，忽谓门人曰："吾行矣。"奄然迁化。于时异香满室，白虹属地，林木变白，禽兽哀鸣。

十一月，广韶新三郡官僚洎门人僧俗，争迎真身，莫决所之。乃焚香祷曰："香烟指处，师所归焉。"时，香烟直贯曹溪。十一月十三日，迁神龛并所传衣钵而回。次年七月出龛，弟子方辩以香泥上之。门人忆念取首之记，仍以铁叶漆布固护师颈入塔。忽于塔内白光出现，直上冲天，三日始散。

韶州奏闻，奉敕立碑，纪师道行。

师春秋七十有六，年二十四传衣，三十九祝发，说法利生三十七载。得嗣法者四十三人，悟道超凡者莫知其数。达摩所传信衣、中宗赐磨衲宝钵，及方辩塑师真相并道具等，主塔侍者尸之，永镇宝林道场。流传《坛经》，以显宗旨，兴隆三宝，普利群生者。

最后一部分，主要讲述六祖圆寂后的各种瑞相及后事处理。

"师说偈已，端坐至三更，忽谓门人曰：吾行矣。奄然迁化。"六祖说了这首偈颂后，一直端坐到三更，忽然对门人说：我走了。然后就自在地离去了。在禅宗史上，禅者们坐脱立亡、生死自在的例子比比皆是，真是令人景仰。

"于时异香满室，白虹属地，林木变白，禽兽哀鸣。"当时，出现了很多瑞相。屋内充满馥郁的香气，空中则有白虹一直连接到地面，而周围的林木都变成白色，飞鸟走兽一齐发出哀鸣。

"十一月，广韶新三郡官僚泊门人僧俗，争迎真身，莫决所之。乃焚香祷曰：香烟指处，师所归焉。"十一月，广州、韶州、新州三地的官僚和门人弟子、僧俗二众，都争相迎请六祖的真身，一时无法作出决定。最后还是焚香祈祷，看香烟飘向哪里，就是六祖自己选择的归处。

"时，香烟直贯曹溪。十一月十三日，迁神龛并所传衣钵而回。次年七月出龛，弟子方辩以香泥上之。"当时，香烟一直朝着曹溪方向飘去。到十一月十三日这天，就把神龛和衣钵迁回曹溪。至第二年七月出龛，弟子方辩将香泥包裹在六祖的真身上。

"门人忆念取首之记，仍以铁叶漆布固护师颈入塔。"弟子们想起六祖曾经说过有人会来取他首级的谶语，就先以铁皮和漆布包裹在六祖脖子上作为保护，然后装入塔内。

"忽于塔内白光出现，直上冲天，三日始散。"在入龛时，忽然在塔内出现白光，直冲云霄，直到三天才散去。

"韶州奏闻，奉敕立碑，纪师道行。"韶州地方官员就上报朝廷，得到朝廷敕令，立碑以纪念六祖的道行。

"师春秋七十有六，年二十四传衣，三十九祝发，说法利生三十七载。得嗣法者四十三人，悟道超凡者莫知其数。"六祖世寿76岁，24岁得到禅宗五祖的衣钵传承，39岁在印宗法师门下剃度出家，弘法利生37年。在此期间，得到他的心法传承者共有43人，而在他座下听闻教法并得到利益者就不计其数了。

"达摩所传信衣、中宗赐磨衲宝钵，及方辩塑师真相并道具等，主塔侍者尸之，永镇宝林道场。流传《坛经》，以显宗旨，兴隆三宝，普利群生者。"尸之，即主之，负责保管。达摩所传的作为表信的袈裟，中宗所赐的磨衲袈裟和水晶宝钵，以及方辩所塑的六祖造像和法器等，由主塔的侍者负责保管，永远作为宝林道场的镇寺之宝。此外还有《坛经》流传于世，开显顿教法门的宗旨和精髓，以此兴隆三宝、利益众生。

# 结束语

　　《六祖坛经》是禅宗的重要典籍，正因为有了六祖和《六祖坛经》，才有了影响整个汉传佛教的禅宗时代。可以说，它是汉传佛教本土化的巅峰之作。所以，《六祖坛经》不仅在佛教界有着举足轻重的地位，也是中国传统文化的瑰宝之一。时至今日，凡对国学稍有涉猎者，大多知道六祖惠能，知道《六祖坛经》，知道"风动、幡动、心动"的典故，甚至还会说几句"烦恼即菩提"或"佛法在世间，不离世间觉"之类的法语。而六祖的得法偈"菩提本无树，明镜亦非台，本来无一物，何处惹尘埃"更被谱写为佛乐，广为传诵。

　　禅宗之所以能"直指人心，见性成佛"，关键在于，它将一切修行立足于对觉性的体认。《六祖坛经》中，不仅开显了宗门特有的见地和行持，对于三宝、皈依、忏悔、净土、三身佛、戒定慧、四弘誓愿等佛法基本概念，也都是从顿教的角度进行诠释，并直接指向觉性。比如三宝为自性三宝，所谓"佛者觉也，法者正也，僧者净也"；净土为自心净土，所谓"随其心净，即佛土净"；乃至三身佛，都是自性三身佛，所谓"法身本具，念念自性自见，即是报身佛。从报身思量，即是化身佛"。这些见地不仅有别于教下的解说，也有别于同为禅门的渐教一脉。

了解这些见地，可以帮助我们提高眼界，认识到佛法的核心，以及修行最直接的契入点。这也是我们学习《六祖坛经》的重点所在。但落实到具体修行中，还需要衡量一下：这个"向上一着"，自己是不是够得着？五祖当年传法时，在东禅寺这个千人丛林中，除惠能一人，上座神秀尚且"未入门内"。可见，真正的顿教根机实在少之又少。用现在的话说，顿教法门就是一种面向小众的精英教育。关于这一点，六祖在《般若品》中就特别叮嘱过："若不同见同行，在别法中不得传付，损彼前人，究竟无益。恐愚人不解，谤此法门，百劫千生，断佛种性。"

遗憾的是，六祖所担心的两种情况，果然被不幸而言中。禅宗在经历"一花开五叶"的兴盛后，至宋就一路式微，甚至带来汉传佛教的整体衰落。为什么？原因之一，就是禅宗这一精英教育过于普及，几乎发展成佛教主流。事实上，具备上乘根机的老师和学人都不可能太多。如果缺乏相应基础，这种修行很容易流于口头禅。有人觉得自己已经找到最直接的法门，经教都看不上了，戒定慧都看不上了，但本身不是那个材料，结果自欺欺人，把一些说法当作自己的境界。这样以讹传讹，一代不如一代，佛教怎么能健康发展？也正因为如此，使得不少人因此鄙薄禅宗，诽谤顿教。

我们今天学习《六祖坛经》，既要认识到这种见地的可贵，也要找到适合自己的入手处。当年，五祖虽然把衣钵传给惠能，但对神秀之偈也给予肯定，告诉门人："依此偈修，有大利益。"其实对多数人来说，这种"时时勤拂拭，勿使惹尘埃"的方法，更容易相应，也更容易做得起来。同时，这也是转变根机的过程。

禅门有句话，叫作"高高山顶立，深深海底行"。也就是说，见地要指向高处，而在行持上，则要带着这种见地在日常生活中去实践。对任何一个法门的修行来说，见地、基础和次第都是不可或缺的。所谓见地，就是对生命和世界真相的认识，也可称为"佛法之眼"。尤其是对于禅宗的学习，如果见地跟不上，必然会流于笼统颟顸。此外，还要重视皈依、发心、戒律的基础，以及修学的次第，不要好高骛远，总想着一招搞定，最终却一无所成。

近年来，我一直在提倡次第修学，就是为开显觉性架个梯子，使学人的根机变利，尘垢变薄。因为根机并不是绝对的，也是缘起法。所谓上根利智，不是天生如此，而是来自多生累劫的修行。只要方法正确，持之以恒，钝根也能转为利根。如果把觉悟本体比作太阳，尘垢就像阻挡阳光的云层。每个人的太阳是一样的，但遮蔽阳光的云层却厚薄不一。如果云层太厚，要拨开它，绝不是一日之功。所以，先要让云层变薄变透，最终才能在善知识的引导下拨云见日，光照大千。

我想，只要能够重视见地、基础和次第，那么，我们修习《六祖坛经》就能做到稳中求胜，从而避免那种高不成低不就的状况。